直感を裏切る数学

「思い込み」にだまされない数学的思考法

神永正博　著

ブルーバックス

装幀／芦澤泰偉・児崎雅淑
カバーイラスト／上路ナオ子
本文イラスト／大葉リビ
もくじ・本文デザイン・図版／フレア

はじめに

登っていくにつれて、下にいたときには見えなかったものが見える

——カルロ・ルビア（素粒子物理学者）

私たちは先の見えない時代を生きています。少子高齢化、人口減少、エネルギー問題、これまでの社会秩序の崩壊——。

数学の最先端もまた同じです。数学者は、まだ誰も見たことも聞いたこともない真理を探し求め、それまでは誰も想像すらしなかった定理の証明に挑んでいます。

一見かけ離れているように見える現実社会と数学の世界。しかし、どちらの問題も、これまでの常識にとらわれていては解決することができないという意味で、同じ困難を抱えていると思うのです。

天才的な数学者のことを語るとき、天啓や、魔法のような直感が持ちだされることがあります。「数学は直感力が勝負」「数学にはセンスが必要」という言葉も巷《ちまた》にあふれています。「うちの子は数学的センスがないから……」と、悲観的になっている親御さんもいらっしゃるのではないでしょうか。

しかし、私に言わせれば、それらはただの宣伝文句で

す。直感やセンスは、後知恵にすぎません。答えが分かっているものを説明するのですから、正しい道はすでに見えており、それを直感と言い換えているにすぎないのです。誰も答えを知らない問題に立ち向かうとき、そんなまやかしの力は何の役にも立ちません。

天才は才能があるからひらめくのではなく、たくさん考えているからひらめくのです。数学に「直感」という近道はありません。結局は、問題を粘り強く考え続けること、論理を一つ一つ丁寧に追いかけることが、正解への唯一の道なのです。

そしてこの事実は、誰もが難問を解く可能性があることを意味していると思います。どれほど偉い人が言ったことでも間違っているものは間違っているし、小さな子どもが言ったことでも正しいことは正しいのです。権威主義も数学の前では無力です。これほど爽快な話が他にあるでしょうか！

すでに答えが分かっているものを追いかけ、改良することで先進国の仲間入りを果たした日本。ですが、今の私たちは追われる身で、もう誰も答えを教えてはくれません。しかし、たとえ直感に反することでも、まず自分の頭で考えてみようという人たちがいれば、新しい時代を切り拓くことができるのではないでしょうか。一見「直感を裏切る」アイディアであっても、もしかするとそれが私たちの問題を解決する切り札になりえるかもしれません。

数学がすべての人に平等であるように、真っ当な努力の積み重ねこそが、次の時代を切り拓くのです。さまざまな

「直感を裏切る問題」を楽しみながら、そう実感していただけたら、これ以上嬉しいことはありません。

読者の皆さんへ

本書は、20のトピックスで構成されています。それぞれの話題は、ある数学好きの人による日記から始まります。毎回、数学を題材にして一言意見を述べているのですが、かならずどこかで勘違いしてしまっています。皆さんも、まず冒頭の日記を読んで、いったいどこが間違っているのか少し考えてみてください。

編集部注：本書で使われている「仮設」は、現在では「仮説」と書くことが多くなっていますが、「仮に設けたもの」という原意に則り、当該表記を用いています。

目次

第3章 直感を裏切る図形

第4章 直感を裏切る論理

第1章
直感を裏切るデータ

比率の魔術

4月2日

新入社員最大の夢は、クビにならないことだという。新聞もテレビも、不景気なニュースばかりだ。こう不景気な話ばかり耳にしていれば、若者の気持ちが萎縮するのも無理はない。しかし、日本は本当に不景気なのだろうか？

数学を愛好する私としては、その根拠が知りたい。こういう場合は、統計データに当たってみるべきだろう。さっそくインターネットで調べてみると、誰かのブログにこんなことが書いてあった。「年収1000万円以上、年収500万円～1000万円未満、年収500万円以下のどの階層でも、平均所得が上がっている」

これは、景気が回復しているという意味だろう。国は貧しくなっているどころか、逆に豊かになっているのではないか。

冬来《きた》りなば、春遠からじ。長かった冬が過ぎ、私たちにもやっと春が来た。

不景気なのに所得増？

近ごろはさまざまな情報が溢れ返っていますが、正しい情報とウソの情報を見分けるのは容易なことではありません。そこで、まずは重要な統計データの読み方から考えてみたいと思います。

話を簡単にするため、ある国の国民を、「高所得者」と「低所得者」という2種類のカテゴリに分けることにします（「高所得者」と「低所得者」の境界線は500万円とします）。この国の国民は4人からなり、所得が1400万円、600万円、300万円、200万円だとします（**図1**）。

その上で、各カテゴリの平均を見てみると、高所得者の平均は1000万円、低所得者の平均は250万円となっていました。

ところが、不景気になり全員の所得が2割減ってしまいました。すると、高所得者の中で比較的低所得だった600万円の人は高所得者から脱落して、低所得者のカテゴリに移ることになります。

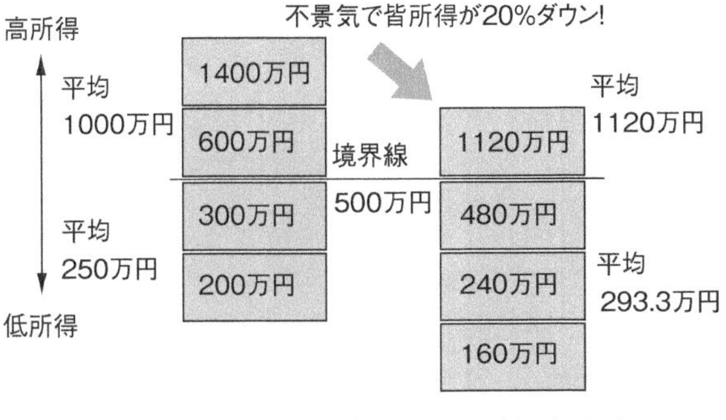

図1　不景気なのになぜか平均所得が上がる場合

その結果、各カテゴリの平均所得はどうなるでしょうか。高所得者カテゴリにいるのは、元は1400万円だった人です。2割所得は減っていますが、それでも1120万円。1人しかいないので、平均も1120万円です。一方、低所得者カテゴリは、1人増えて3人になります。元600万円だった人は、所得が480万円になったものの低所得者の中では比較的高所得であるため、低所得者全体の平均を押し上げ、平均は293.3万円になります。

つまり、全員の所得がそれぞれ2割失われたにもかかわらず、いずれのカテゴリでも平均所得は上昇するのです。

この例はわざと極端に少ない人数になっていますが、このような「それぞれのカテゴリの平均所得が上昇すると同時に、貧しい人の割合が増える」という状態は、実際に、不景気が深刻化する局面で起きることがあります。

逆の現象もあります。各カテゴリの平均所得が下がっても、所得の高い人の割合が増えれば、全体の平均所得は上がるのです。このような現象は、社会が発展しているときに起きがちです。

つまり、低所得者カテゴリの中から高所得者カテゴリの仲間入りを果たした人たちは、高所得者カテゴリの中で見ると比較的所得が低い人たちなので、高所得者カテゴリの平均所得は下がります。一方、低所得者カテゴリの人たちの中から、比較的高所得の人たちが高所得者カテゴリに移動してしまうため、低所得者カテゴリの平均所得も下がることになります。したがって、全体として高所得者の割合が上がり、社会全体は豊かになっているにもかかわらず、両カテゴリの平均所得は下がったように見えてしまう、ということなのです。

冒頭の日記には、「どの階層でも平均所得が上がっている」と書かれていましたが、これだけでは「日本の景気が回復している」とは言えません。一見すると違和感がありますが、実際におかしなことは何も起きていないのです。

このような「集団全体の性質と、集団を分けたときの性質が異なる」現象は、**シンプソンのパラドックス**と呼ばれています。1951年、イギリスの統計学者、E.H. シンプソンが「分割表における相互作用の解釈」という論文の中で指摘しました[1]。

平均点の罠

別の例もご紹介しましょう。

これは架空の話ですが、アメリカ人と、アメリカに留学してきた学生の英語力の試験をして、**表1**のような結果を得たとします。100点満点の試験を行って、それぞれの平均点を出したものです。

1990年と2010年の成績を比べてみると、それぞれアメリカ人はプラス4点、留学生はプラス10点になっています。どちらのカテゴリも、「この20年間で英語力が向上した」というふうに思えますね。

しかし、全体の平均点を見てみると、2点下がっているようです。これは、何かの間違いでしょうか？

いえ、これもまた起こりうる話なのです。

表1　英語力の試験の成績

	1990年	2010年	成績の差
アメリカ人平均	90	94	＋4
留学生平均	60	70	＋10
全体平均	84	82	−2

重要なのは、試験を受けたアメリカ人と留学生の人数比です。計算しやすいように、アメリカ人と留学生を合計した人数を100人として考えてみましょう。

1990年の時点では、試験を受けたアメリカ人は80人、留学生が20人でした。すると、平均点は、

$$\frac{90\times80+60\times20}{100}=84$$

84点になります。これに対して、2010年の受験者は、アメリカ人50人、留学生50人でした。その結果、平均点は、

$$\frac{94\times50+70\times50}{100}=82$$

82点となってしまうのです。

英語力の試験の成績は、1990年と2010年のどちらも「アメリカ人＞留学生」でした。人数を見ると、1990年の時点ではアメリカ人のほうが多く、80人でしたが、留学生はわずか20人です。つまり、1990年時点では、成績のよい集団（アメリカ人）のほうが人数が多く、成績のよ

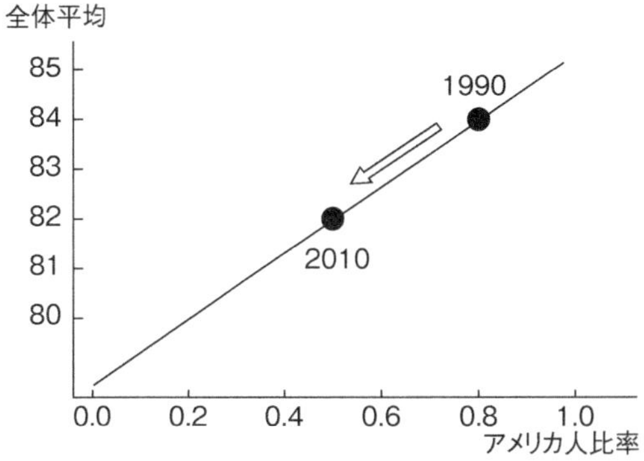

図2　アメリカ人比率と全体平均の関係

くない集団（留学生）は少なかったのです。これに対して、2010年時点では、成績のよいアメリカ人の人数は50人に減り、成績のよくない留学生が50人に増えました。そのため、各集団のスコアの上昇が、成績のよい集団の人数減に勝てなかったわけです。

先ほどの所得の例と同じメカニズムですね。したがって、所得の例と同様に、人数比を逆にすれば、「各カテゴリの平均点が下がったとしても、全体の平均点が上がる」という例を作ることもできます。

■ 新生児体重のパラドックス

次の例は、シンプソンのパラドックスの一例で、「新生児体重のパラドックス」と呼ばれています。どこがどのようにパラドックスになっているのか、検討してみましょう。

表2　新生児死亡率

誕生時の体重(g)	A死亡率(‰)	B死亡率(‰)
1000	不明	175.0
1500	100.0	72.0
2000	42.0	30.2
2500	17.6	12.7
3000	7.4	5.3
3500	3.1	2.2
4000	1.3	0.9
4500	0.6	0.4
5000	0.2	0.2
5500	0.1	—

アメリカの疫学の専門誌に、赤ちゃんが生まれたときの体重に関する論説が載っています[2]。

表2は、「母親が喫煙していないグループA」と、「母親が喫煙しているグループB」に分けて、それぞれの赤ちゃんの体重と死亡率を比較したものです。本書では、喫煙しないグループを「ローリスクグループA」、喫煙するグループを「ハイリスクグループB」と呼ぶことにします。

‰（パーミル）は千分率の記号で、ここでは、1000人中何人の赤ちゃんが死亡したかを表しています。誕生時の体重が1000グラム未満から、1000グラム以上1500グラム未満、1500グラム以上2000グラム未満……と、500グラム刻みで調べられています。

結果はご覧のとおり、奇妙なものでした。どの体重のグループでも、ハイリスクグループBのほうが（生きて生まれてきた赤ちゃんの）死亡率が低かったのです。不明だったりデータがなかったりするところを除くと、5000グラムの層で死亡率が同じになるほかは、どの体重のグループでも、「ローリスクグループAより、ハイリスクグループBの死亡率のほうが低い」ようなのです。このデータによると、「母親が喫煙するほうが、赤ちゃんの死亡率が低い」という結論にたどり着いてしまいます。

ご存じのとおり、喫煙は身体によいわけがありません。現に日本では、母子手帳に喫煙のリスクについて記されています。そもそも、妊娠しない男性でさえ健康に悪影響があるのですから、ましてや妊婦さんに影響がないはずがありません。

このデータを、もう少し詳細に見てみましょう（**表3**）。

全体重で比較すると、ローリスクグループAの死亡率は1000人中4.7人の割合であるのに対して、ハイリスクグループBの死亡率は、1000人中8.1人となっています。表3によると、やはりハイリスクグループBのほうが、死亡率が高いではありませんか。

表2のデータには載っていませんでしたが、表3を見ると、「ハイリスクグループBのほうが、そもそも低体重で生まれる割合が高い」ということが分かるのです。

表3をグラフ（**図3**）にしてみると、状況がさらに明確になります。

図3の下のほうのグラフは、新生児の体重の分布をグラフにしたものです。生まれたときの体重と死亡率の間には、シンプルで安定した関係があり、それは図3の上の

表3　体重別死亡率の詳細なデータ[3]

誕生時の体重(g)	A死亡数	乳児死亡率(‰)	B死亡数	乳児死亡率(‰)
1000†	0	—‡	40	175.0
1500	40	100.0	630	72.0
2000	630	42.0	6230	30.2
2500	6230	17.6	24100	12.7
3000	24100	7.4	38000	5.3
3500	38000	3.1	24100	2.2
4000	24100	1.3	6230	0.9
4500	6230	0.6	630	0.4
5000	630	0.2	40	0.2
5500	40	0.1	0	—
計	100000	4.7	100000	8.1

† 階級は500gを中央値としてカテゴライズされている
‡ 不明

ほうのグラフです。

縦軸の目盛は対数目盛で、1目盛が1桁に相当するようになっています。対数目盛にすることによって、10倍、100倍のように違いが大きなデータを見やすくすることができます。

どうやら、ハイリスクグループBがハイリスクである所以《ゆえん》は、

（因果関係1）母親が喫煙する

⇒　赤ちゃんが低体重で生まれることが多い

（因果関係2）低体重児は死亡率が高い

ということのようです。ここで無事、「母親が喫煙する⇒　全体の死亡率が高い」という結論を導くことができま

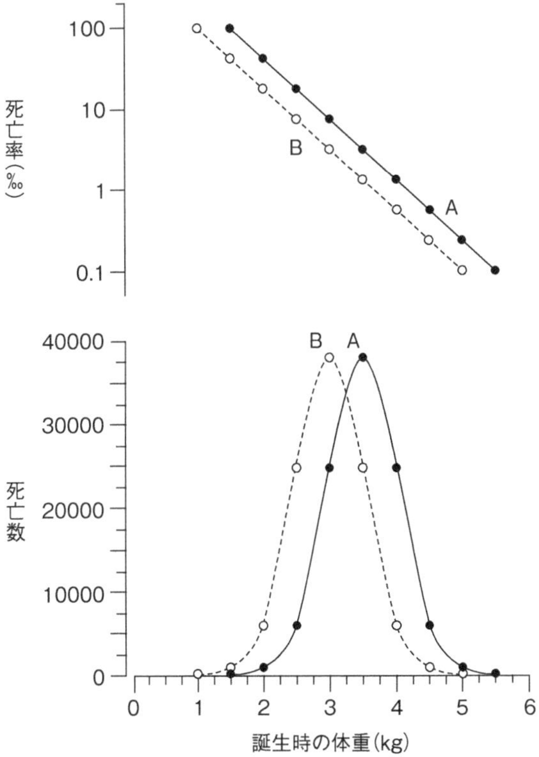

図3　新生児の体重と死亡率

したが、データの不足に気付かないでいると、「新生児体重のパラドックス」の名のごとく、奇妙な結論になるところでした。

差別か？　逆差別か？

別のファクターが入ることで、話が複雑になる例もあります。

フロリダ州における殺人事件のうち、「死刑判決を受ける割合と人種の関係」を調べた結果、**表4**のようになりました。コーカソイドというのは、いわゆる白人（実際には必ずしも肌が白いわけではありません）、アフリカ系は黒人だと考えてください。

表4によると、死刑判決の割合は、被告人がコーカソイドのほうが11.0%で大きいですね。アフリカ系が7.9%ですから、その差は3.1ポイント（パーセントポイント）にもなります。「アフリカ系よりも、コーカソイドのほうが死刑になる割合が高い」ということのようです。意外ですね。アメリカにおける裁判では、陪審員が大きな影響力を持っているので、案外、逆差別のようなことがあるのでしょうか。

このデータを、もっと詳しく見てみましょう。被告人の人種だけでなく、被害者の人種も調べてみるとどうなるでしょうか（**表5**）。

こんどは、だいぶ様子が違います。被告人がアフリカ系

表4　死刑判決を受ける割合と人種の関係

被告人の人種	死刑判決を受けた数	死刑ではない判決を受けた数	死刑判決の割合
コーカソイド	53	430	11.0%
アフリカ系	15	176	7.9%

出典：A. Agresti (2002), Categorical Data Analysis, 2nd ed., Wiley, pp. 48-51.

表5　被害者の人種も考慮した場合

被告人の人種	被害者の人種	死刑判決	非死刑判決	割合
コーカソイド	コーカソイド	53	414	11.3%
アフリカ系	コーカソイド	11	37	22.9%
コーカソイド	アフリカ系	0	16	0.0%
アフリカ系	アフリカ系	4	139	2.8%

出典：A. Agresti (2002), Categorical Data Analysis, 2nd ed., Wiley, pp. 48-51.[4]

で被害者がコーカソイドのとき、死刑判決の割合が突出して高く、22.9%にも達しています。これに対して、被告人がコーカソイドで被害者がアフリカ系のとき、死刑判決を受けた被告人はゼロです。

要約すると、「コーカソイドがアフリカ系を殺しても死刑にならないけれど、アフリカ系がコーカソイドを殺すと、高い割合で死刑になりがちである」ということのようです。同人種間で言えば、「アフリカ系がアフリカ系を殺した場合よりも、コーカソイドがコーカソイドを殺した場合のほうが圧倒的に死刑になる割合が高い」ということも分かります。これは、差別的な判決が下されている可能性が高いですね。

表4だけ見ると逆差別のように思えるデータですが、じつは「被害者の人種」というファクターを見落としていたわけです。

本節では、「区切り」の生み出す奇妙な現象を検証しました。平均や比率の数字には「意味」が隠されており、ひとつ表が足りないだけでも、結論が180度変わってしまう。これらが統計の難しく、また面白いところです。

平均的日本人

4月28日

日本の景気はさておき、国民の寿命はどうなのだろうか。厚生労働省のデータによれば、今や男性80歳、女性86歳の時代だという。日本はおおむね右肩上がりで、世界中から羨ましがられる長寿国だ。長生きの秘訣は、バランスに配慮した健康的な食生活だろう。

とはいえ、美食を避け、酒も飲まない人生はちょっとつまらない。ある数学者は、「平均寿命までに半数の人は死んでしまうのだ」と言って、酒も煙草も欠かしたことがないそうだ。統計的に考えてそうなのならば、あまり健康に気をつけても仕方がないかもしれない。

平均寿命と平均余命

なるほど、もし「平均寿命が80歳だとしても、それまでに亡くなる確率が半分もある」としたら、節制などせず、人生を謳歌したいような気もしてきますね。

ここで、ちょっとしたクイズを。

> 2010年時点で、日本人の平均寿命は男性79.55年、女性86.30年である[5]。あなたは、あと何年くらい生きられると思うか？

いかがでしょう。私を例にとると、執筆時で45歳です。ということは、もう人生の折り返し地点をすぎて、だいたい残り35年くらいかな、と思います。が、実際のところはどうなのでしょう。

結論から言うと、男性の45歳時の平均余命は36.02年です。したがって、この感覚はほぼ正しい、ということになります。1年くらいずれていますがほぼ予想通り、と言ってもよいでしょう。

> では、「平均寿命より先に亡くなる人」は、どのくらいいると推定できるか。

冒頭の日記の考え方によると、「平均なのだから、それまでにちょうど半分の人が亡くなってしまう」ということになりますね。

ここで、平均寿命についてまとめた表を、「生命表（ラ

年齢	生存数	死亡数	生存率	死亡率	死力	平均余命	定常人口	
x	l_x	${}_nd_x$	${}_np_x$	${}_nq_x$	μ_x	$\mathring{e}_x$	${}_nL_x$	T_x
0 週	100 000	92	0.99908	0.00092	0.09375	79.55	1 917	7 955 005
1	99 908	11	0.99989	0.00011	0.01644	79.60	1 916	7 953 089
2	99 897	9	0.99991	0.00009	0.00170	79.59	1 916	7 951 173
3	99 888	7	0.99993	0.00007	0.00426	79.58	1 916	7 949 257
4	99 881	28	0.99972	0.00028	0.00347	79.57	8 983	7 947 342
2 月	99 853	19	0.99981	0.00019	0.00263	79.50	8 320	7 938 358
3	99 834	37	0.99962	0.00038	0.00197	79.43	24 953	7 930 038
6	99 796	43	0.99957	0.00043	0.00110	79.21	49 887	7 905 085
0 年	100 000	246	0.99754	0.00246	0.09375	79.55	99 808	7 955 005
1	99 754	37	0.99963	0.00037	0.00057	78.75	99 733	7 855 198
2	99 716	26	0.99974	0.00026	0.00026	77.78	99 704	7 755 464
3	99 690	18	0.99982	0.00018	0.00022	76.80	99 681	7 655 761
4	99 672	13	0.99987	0.00013	0.00015	75.81	99 665	7 556 080
5	99 659	11	0.99989	0.00011	0.00012	74.82	99 653	7 456 415
6	99 647	10	0.99990	0.00010	0.00011	73.83	99 642	7 356 762
7	99 637	9	0.99991	0.00009	0.00010	72.84	99 632	7 257 120
8	99 628	8	0.99992	0.00008	0.00009	71.84	99 623	7 157 488
9	99 619	8	0.99992	0.00008	0.00008	70.85	99 615	7 057 865

図4　第21回生命表(男)

イフテーブル)」と言います（**図4**）。

生命表には、性別・年齢別に、次の誕生日までの間の生存率、死亡率のほか、平均余命などが書き込まれています。表を見ると、死力《しりょく》などという穏やかではない用語もありますが、これは「その年齢に達した人が、次の瞬間に死亡する割合（確率)」を意味しています。生まれたばかりの赤ちゃんは死力が高く、時間が経つにつれて死力が下がっていき、10歳くらいから再び上がり始めます。生命表と用語の解説は、厚生労働省や国立社会保障・人口問題研究所のウェブページに公開されていますので、興味のある方はご覧ください。

生命表のうち、10万人あたりの生存数と死亡数を、男女別にグラフにしてみましょう（**図5**）。

生存数は左の軸、死亡数は右の軸の目盛を読めば分かります。0歳付近で死亡数の数値が上がっていますが、これは新生児の死亡率が高いことによります。このデータでは、平均寿命は男性79.55歳、女性は86.30歳となってい

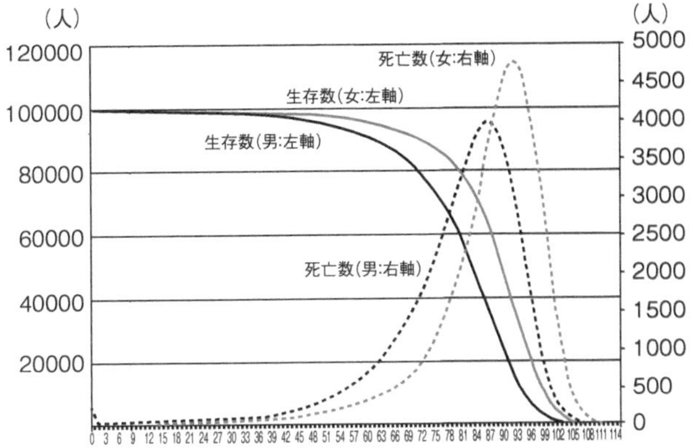

図5　生命表から作った生存数・死亡数のグラフ

ます。

さて、「平均寿命より先に亡くなる割合」を調べるため、男性の平均寿命である約80歳の付近に注目してみましょう。79歳時点での生存数は、10万人あたり61985人。80歳時点で、同じく58902人です。ということは、半数以上の男性が存命なのです。82歳で52169人、83歳で48550人になり半数を切ります。じつは「半数の人が亡くなるのは、82歳から83歳の間」ということのようです。

女性も同じく、平均寿命である86歳時点での生存数は、10万人あたり62867人、87歳時点で59134人。やはり半数以上の女性が存命です。89歳で50771人、90歳で46228人になり、このあたりで半数を切るようです。ということは、「女性の半数が亡くなるのは、89歳から90歳の間」ということになりますね。

意外なことに、男女どちらを見ても、「**平均寿命より先**

に亡くなる人は、半数よりも少ない」のです。平均寿命では、約6割の人が存命です。死亡数のグラフを見ると分かりますが、分布が右のほうに寄っていますね。これは、死亡年齢が高齢部分に偏っていることを意味しています。実際に半数の人が亡くなるのは、平均寿命よりも2年くらい後のようです。

■ 平均余命が延びていく

では次に、こんな質問はいかがでしょう。

> 65歳男性の平均余命は18.74年、65歳女性の平均余命は23.80年である。では、(この時点で) 75歳の人の平均余命は、何年か。

「10年引き算して、男性は8.74年、女性は13.80年でしょう？」と、言いたくなるところですが、少し違います。

少しヒントを。平均余命は、「その年齢で生きている人が、以後、平均的に何年生きるか」というものです。つまり、65歳における平均余命とは、「65歳から75歳の間に亡くなる人も含めた余命」なのです (**図6**)。

このようなことから考えると、75歳男性の平均余命は11.45年、女性の平均余命は15.27年となるのです。

平均余命は、単純に引き算しただけでは分からない仕組みになっているのです。また、こんな例もあります。

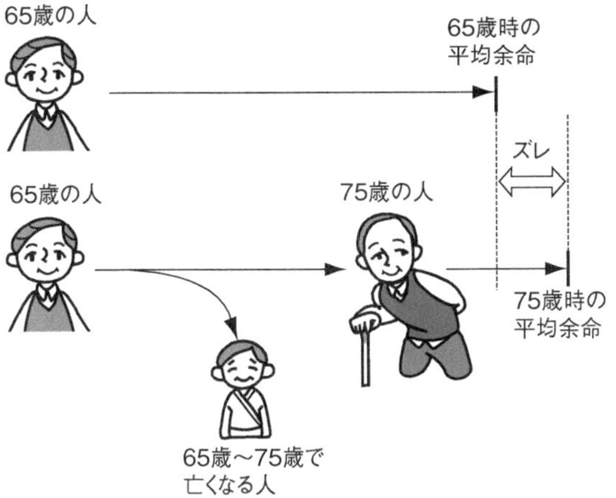

図6　平均余命がずれる仕組み

> 明治24年から明治31年の間、男性の平均寿命は42.8歳、女性の平均寿命は44.3歳だった。このとき、40歳の男性と女性、それぞれの平均余命は何年くらいか。

この当時、ほぼ平均寿命まで生きている人の余命はどれくらいだったのでしょうか。なお、2009年の簡易生命表を見てみると、（平均寿命とほぼ同じ）80歳男性の平均余命は8.66年、（同じく平均寿命とほぼ同じ）86歳女性の平均余命は7.83年となっています。

答えは、男性25.7年、女性27.8年です。2009年と比べて、ずいぶん平均余命が長いようです。なぜ、こんなことが起きるのでしょうか。

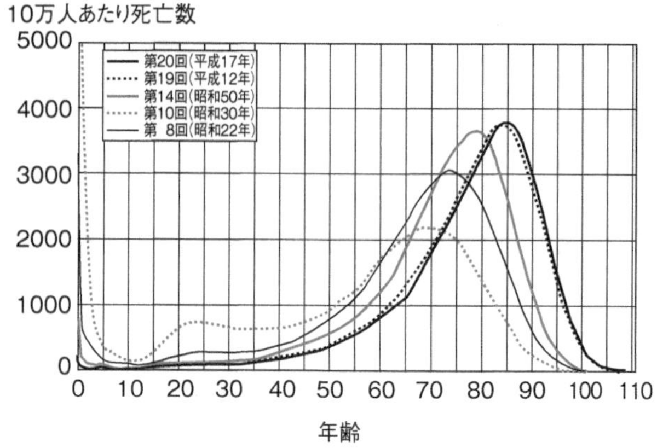

図7　死亡数の推移[6]

先ほど、平均寿命まで生きている人が半分よりも多く、6割くらいだということを確認しました（図5）。それと同様に、「死亡数の分布が思いきり右寄りになっている」からでしょうか。

いえ、冷静に考えると、これはおかしいですね。平均寿命は延びているのですから、現代のほうが死亡数のグラフは右に寄っているはずです。だとすると、いったい何が原因なのでしょう。

時代を遡って、昭和22年から平成17年までの死亡数のグラフを見てみましょう（**図7**）。

昭和22年のグラフでは、0歳の近くに死亡数のピークがありますね。明治時代は、現在よりずっと大勢の赤ちゃんが、生まれてすぐに亡くなっていました。つまり、この最初の死亡数のピークが、0歳のときの平均余命＝平均寿命を大きく押し下げていたのです。時代ごとに分布の変化

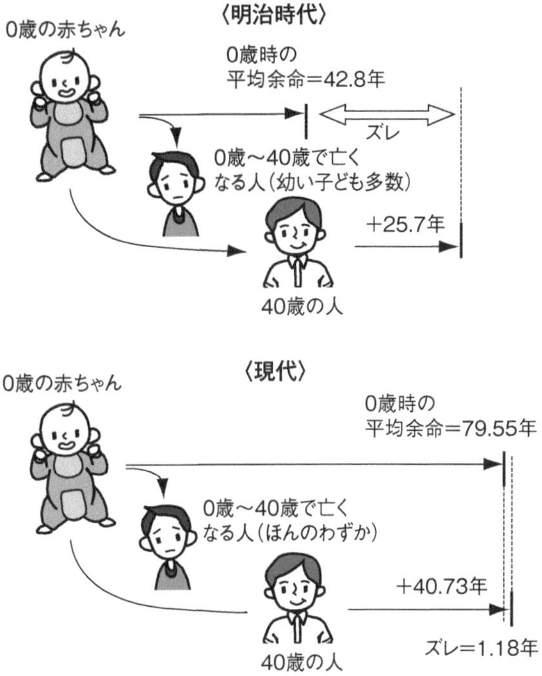

図8　昔との違い（男性）

を見てみないと、実際の状況を正しく把握することはできないと分かります。

平均値は何かと便利に使われがちですが、それだけでは事実を大きく取り違えかねません。平均寿命は一種の期待値ですので、それだけを見ても正しい状況は分からないのですね。

しかし、**図8**のように、先ほどの平均余命と同様の図式（図6）で考えれば、頭を整理できるでしょう。

前節「比率の魔術」は、部分的な情報だけを見て全体を見誤る、いわば「木を見て森を見ない」誤りでした。本節のような「森を見て木を見ない」誤りにも、気を付けたほうがよさそうですね。

ベイズの定理

5月7日

やはり、不摂生は良くない。健康で長生きするためには、身体の変化に敏感になるべきだ。善は急げで、さっそく健康診断を受診した。

届いた結果を見てみると、胃X線検査が「要精密検査」と書かれている。インターネットで調べてみると、実際にがんの人が要精密検査とされる率は約90%だという。これはつまり、「胃がんの可能性が非常に高い」という意味ではないだろうか。心配である。

がん検診で要精密検査と言われたら

「要精密検査」と言われると、心配になるのは自然なことですね。実際にがんの人が要精密検査となる率が約90%だとすると、検査に引っかかったということは、かなりの確率でがんに罹患しているように感じられます。重要なことなので、これを機会に検証してみましょう。

割合といえば、スーパーマーケットなどには「30%オフ」「2割引き」等とよく書かれています。このような表示があるということは、商品を値引きした後の金額がだいたいいくらになるのか、お客さんの多くが計算できるということなのでしょう。巷ではあまり言及されませんが、皆が割合を理解しているというのは凄いことだと思います。

しかし、割合の計算の中には、分かりづらいものもありますね。食塩水の濃度の計算はその例で、中学生に次のような問題を出すと、変な答えをする子が必ず出てきます。

> 5%の濃度の食塩水100gと、3%の食塩水400gを混ぜてできる食塩水の濃度は何%か。

こうした問題を出すと、「4%」という答えを書く子がいます。5%と3%の間をとって4%、というわけですね。気持ちはわからなくもありませんが、残念ながら違います。

正解は、3.4%です。食塩の量が$0.05 \times 100 + 0.03 \times 400 = 5 + 12 = 17$gになり、食塩水全体は$100 + 400 = 500$gですから、$17 \div 500 \times 100 = 3.4$%になります。

割合を把握するためには計算が必須であり、なんとなくの直感だけでは掴み切れないものなのです。

こうしたややこしい割合を、さらにややこしくしたものが確率です。「要精密検査と判定された人が、実際にがんである確率」は、私たちとしては、ぜひとも理解しておきたい重要な数字です。ところが、これが猛烈に分かりにくいのです。数学者でも、計算してみないと分かりません。

たとえば、本節冒頭の日記の場合ですが、次のような仮定だとしたらどうでしょう。

（仮定1）検診を受ける人の1000人に1人は、実際にがんにかかっている。
（仮定2）がんの人が要精密検査となる率は90％。
（仮定3）本当はがんにかかっていないのに、陽性反応が出て精密検査に回される確率は10％。

このように、ある条件を仮定したときの確率を「条件付き確率」といいます。この場合は、「要精密検査と判定されたという条件のもとで、その人が実際にがんである」という条件付き確率を求める問題になります。

こうした仮定のもとで、冒頭の男性ががんである確率はどのくらいでしょう。50％よりも上でしょうか、それとも下でしょうか。

ごく感覚的には、50％よりは上のように思えるのではないでしょうか。

なぜなら、がんの人が要精密検査となる率は90％で、がんではないのに陽性反応が出て精密検査に回される確率が10％なのです。要精密検査になった時点で9割ががんなのでは……と。少し冷静になって、「いや、精密検査に回されても何ともなかった人が、意外といたかもしれない」と自分の経験と照らしあわせ、落ち着こうとするもののやっぱり落ち着かない、という感じではないでしょうか。

この間、約1分。理屈が分かっているのですからさっさと計算すればよいのですが、数学者でも話を聞いたそばから計算するとは限らないわけで……。何とか落ち着いて考えてみましょう。

■陽性反応が出てもがんでない確率

仮定1、2、3を、それぞれ分解して考えます。

（仮定1）「がんにかかっている人」が1000人に1人ということは、つまり0.1％です。そもそもがんにかかっている人は、とても稀だということです。

（仮定2）「要精密検査とされる率（陽性反応が出る確率）が90％」と言われると、がんの人を非常に高い確率で検出するように思えます。しかし、よく読むと（仮定2）は、「**実際にがんにかかっている人が**一次検査の結果、要精密検査になる確率は90％」という意味です。

（仮定3）は、**がんではないのに**間違って陽性になってしまう確率が10％だということですね。

次に、これら3つの仮定を樹形図に整理してみましょう（**図9**）。

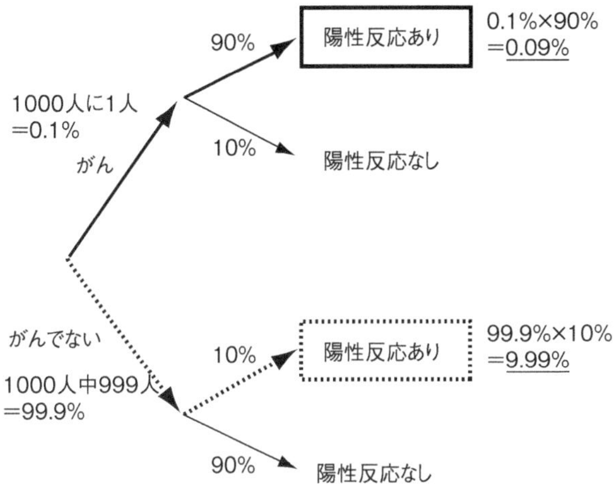

図9　話を整理してみると……

実際にがんであって、かつ陽性反応が出る確率を計算すると、0.1%×90%＝0.09%です。そして、実際はがんではないが陽性反応が出てしまう確率は、99.9%（がんでない確率）×10%（がんではないのに陽性反応が出る確率）＝9.99%となります。

陽性反応が出る確率は、この2つの確率を合計したものですから、0.09%＋9.99%＝10.08%です。このうちがんにかかっている確率は、

$$\frac{0.09}{10.08} = 0.008928571\cdots\cdots$$

となります。約0.9%です。日記の男性ががんである確率は、じつは1%にも満たないのです。嬉しいことに、予想

よりもずいぶん小さいですね。

なお参考までに、現実のデータがどうなっているのかを付記しておきます。胃がん検診で胃がんが見つかる割合は、(年代や地域、性別によっても違いますが) ほぼ1000人に1人くらい。X線による検査では、精密検査に回される率は11%前後です。実際のデータも、今回の例とほぼ同じになっています。

さて、以上のような考え方を数学的に整理したものは、「ベイズの定理」と呼ばれています。ベイズの定理は、いわば時間を逆転するための定理です。普通は、原因から結果を推定するわけですが、ベイズの定理では、逆に、結果から原因を推定するのです。つまり、ベイズの定理では、「原因から結果の確率を計算する」のではなく、「結果から原因の確率を計算する」のです。元々のベイズの定理はもっと一般的な形をしているのですが、考え方は今まで読んだ胃がんの検査の例と同様です。

ところで、ベイズの定理から導かれる結論は、なぜ意外な印象を与えるのでしょうか。胃がん検診の例を使って考えてみましょう。こんどは、設定を少し変更してみます。

X年後、胃がんの検診技術が発達した結果、胃がんにかかっていれば、それを「100%検知可能な」検査法ができたとします。先ほどの胃がん検診の検査法とは比較にならない完璧な精度で、「がんにかかっていたら、100%陽性と出る」という恐るべき検査法です。本当はがんではないのに検査で陽性になってしまう確率は、先ほどの検診の例と同じく10%としましょう。

私がこの検査を受けて、陽性と出てしまったとします。たいていは、ここで愕然とするのではないでしょうか。精度が100%ということは、自分が胃がんにかかっているのは確実であるように思われます。

念のため、先ほどと同じように樹形図を作って、検証してみましょう。

樹形図を使えば、先ほどと同じようにして、「陽性と診断された人が、実際にがんにかかっている確率」が計算できます（**図10**）。

$$\frac{0.1}{0.1+9.99}=0.009910802\cdots\cdots$$

結果は、上記のとおり約0.99%です。「100%検知可能

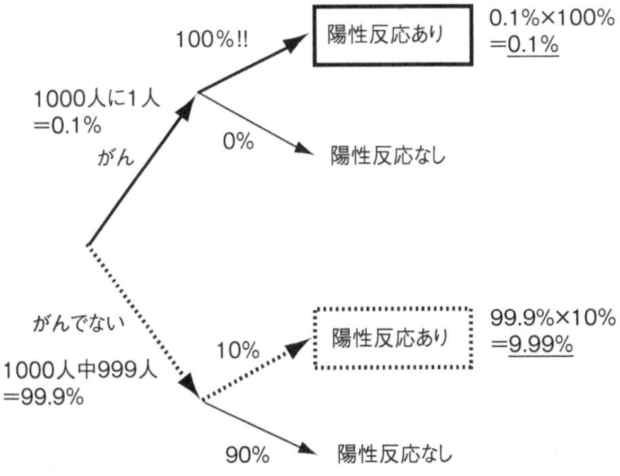

図10　精度の高い検査の場合

な検査法」のほうが、そうでない検査法より若干高い確率ですが、それでも1%に満たないのです。絶望するには小さすぎる確率ではないでしょうか。

私たちは、「がんの人が検査で陽性と判断される確率（今回の2つの例では、それぞれ90%、100%という部分）」に注目しがちです。しかし、話を整理して計算してみると、より重要な数字はそれらではありません。重要なのは、「**がんでないにもかかわらず、間違って（あるいは、がんの人を見逃さないように余裕を持って？）陽性と診断される確率**」――つまり、今回の例では10%という数字のほうなのです。

■ 迷惑メールフィルタ

ベイズの定理の原理はシンプルですが、さまざまな用途に応用されています。代表的な応用例は、迷惑メールフィルタでしょう。ベイズの定理を利用して迷惑メールを見分ける技術は、ベイジアンフィルタと呼ばれています。

メールの見分け方の原理はこうです。まず、届いたメールを「迷惑メール」と「普通のメール」に分けます。知り合いからのメールでも、嫌な仕事の依頼のような「心理的迷惑メール」がありますので、迷惑メールの基準は個人に依存する部分が大きいと言えます。そこで、初期のふるい分けはある程度は人力でやる必要があります。

迷惑メールには、特徴的な単語が含まれていることが多いでしょう。たとえば、メールのタイトルに「無料」という単語が含まれている場合、そのメールは迷惑メールである確率が高いのではないかと考えられます。性的な単語を含むメールも、迷惑メールである可能性が高いでしょう。このように、迷惑メールの特徴と考えられる単語がいくつかありますので、それらを含むものを、本書では簡単に「特徴あり」と呼ぶことにします[7]。

問題は、「届いたメールが『特徴あり』だという条件のもとで、それが迷惑メールである確率がどの程度か」ということです。これも先ほどのがん検診の例と同様、条件付き確率のひとつです。「条件付き確率が、適当に定めた基準（たとえば90％など）よりも高ければ、迷惑メールと判定する」というルールを作っておき、迷惑メールの疑いが強いメールを迷惑メールフォルダに入れる、というのが、迷惑メールフィルタの基本的な考え方です。

このとき、90％という基準値を「しきい値」と呼びます。しきい値を大きくしすぎると、よほど疑いが強くないかぎり迷惑メールと判定しなくなり、小さくしすぎると、ちょっとでも疑いがあれば迷惑メールと判定してしまいます。しきい値は、うまく調整する必要があるのです。

実際の例から、迷惑メールフィルタの仕組みを見てみましょう。

> ある人のメールボックスには、迷惑メールが全体の30％あった。そのうちの30％が「無料」という単語をタイトルに含んでいる。迷惑メールでないメールのうちの1％にも、「無料」という単語がタイトルに含まれている。

このとき、届いたメールが「特徴あり」(タイトルに「無料」という単語が含まれている）だった場合、そのメールが実際に迷惑メールである確率を考えてみましょう。胃がん検診の場合と同じように樹形図を描くと、**図 11** のようになります。

迷惑メールで、かつ「特徴あり」の確率は、30%×30%＝9%になります。迷惑メールでないのに「特徴あり」なのは、70%×1%＝0.7%になります。よって、メールが「特徴あり」になる確率は、これらを合計して、9%＋0.7%＝9.7%になります。そこから求める確率は、

$$\frac{9}{9.7} = 0.927835\cdots\cdots$$

となり、約 93%です。したがって、仮にしきい値が 90%

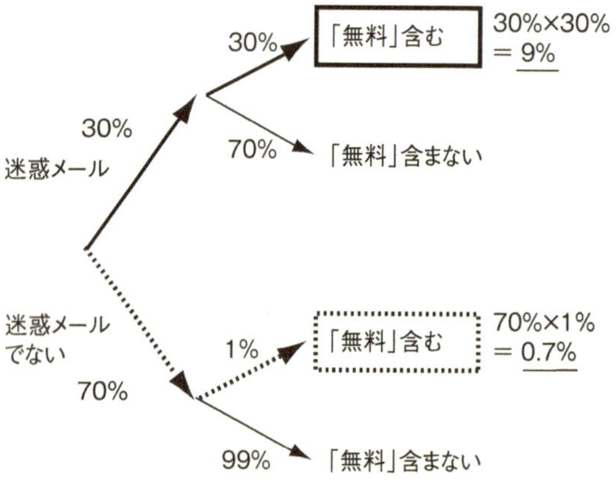

図11　迷惑メールフィルタの考え方

であれば、このメールは迷惑メールと判定されることになります。

この判定が実際に正しかったかどうかをメールボックスの持ち主が判断し、その判断に基づいてデータが更新されます。それに伴って、条件付き確率の値もだんだんと更新されていく、というのが迷惑メールフィルタの仕組みです。

人は宝くじを買うとき、当選確率がいかに小さなものであっても、当たって大喜びする自分を思い浮かべているのではないでしょうか。私たちは、「1等3億円！」のようにインパクトのある数字を見ると、確率的に稀なことを過大評価してしまいがちです。

「個々の比率だけを見て、全体の比率を見ない」のは、本質を見誤る原因です。インパクトのある数字を見たときは、本当の確率がどの程度なのかを一度計算してみると、まったく違った結論になるかもしれませんね。

ジップの法則

6月21日

　もうすぐオリンピックだ。いろいろな競技があるが、個人的には男子100メートル走に注目している。1位、2位を争うトップの世界は、統計的にみて非常に興味深い素材だ。

　男子100メートル走の世界記録を見てみると、今や9秒台の争いになっている。1位と2位の差は、ほんの0.01～0.1秒程度しかない。ほんのわずかな差が、「メダルが獲れるかどうか」という大きな違いとなって現れてしまうらしい。

　他の種目もそうだ。大リーグの打率を見てみると、歴代最高記録はトップ層が3割以上で、その差はほんの1～2%程度しかない。

　こうした僅差を争う厳しさは、スポーツ以外でも当てはまるように思う。どんな世界でも、頂点に立つプロは、コンマ1未満でしのぎを削っているのだ。

接戦か、圧勝か

スポーツの世界は僅差の闘いのようですが、まったく畑違いの分野はどうなのか、ちょっと気になります。スポーツと同様、1位と2位の差は本当に僅かなのでしょうか。さっそく実際のデータで確かめてみましょう。

図12は、メールマガジンの発行部数ランキングです。メールマガジン配信サービス会社「まぐまぐ」の無料メールマガジン発行部数を縦軸に、ランキング50位までを横軸に取ったものです（2013年5月12日時点）。

このデータを見ると、ランキング1位は他を圧倒しています。僅差どころではありません。むしろ、順位が下がってくると、差が少なくなるようなのです。

ランキングが下位になれば発行部数も減りますから、右下がりのグラフになるのは必然ですが、大まかに見ると、反比例のグラフに似ているように見えます。トップが僅差ではないのも、何か理由があるかもしれません。少し掘り

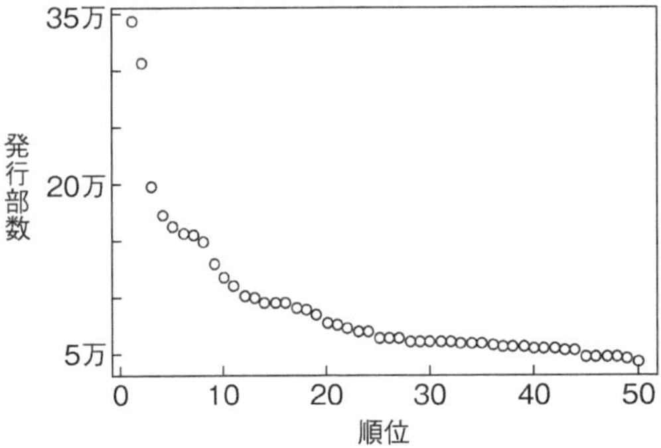

図12　メールマガジン発行部数とランキングの関係

下げて検討してみましょう。

■ 両対数グラフで見えてくる法則

後の話と関係しますので、ここで「反比例と両対数グラフ」について説明します。

たとえば、面積24の長方形の縦と横の長さをそれぞれx, yとすると、$y = \frac{24}{x}$と表すことができます。グラフを描くと、**図13**のようになります。これが反比例のグラフです。

これに対して、「両対数グラフ」の「対数」とは、「数字を桁で表現したもの」だと考えれば、分かりやすいように思います。たとえば、1000は10の3乗ですが、このときは3が対数になります。3に1を足せば、桁になりますね。

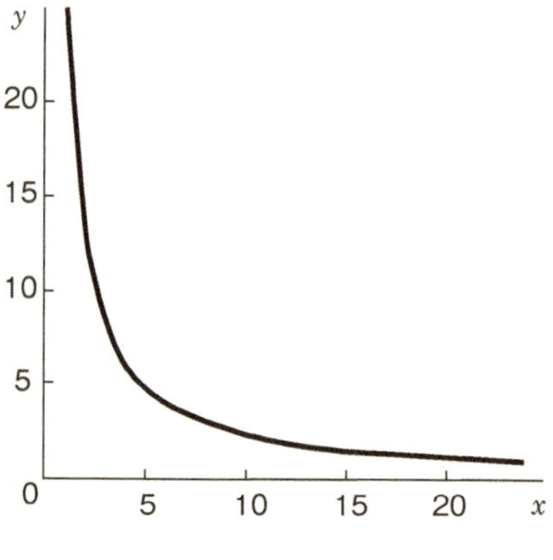

図13　反比例のグラフ

x 軸と y 軸の両方とも対数の目盛で描いたグラフが、両対数グラフです。図 13 のグラフを両対数グラフにすると、**図 14** のようになります。反比例のグラフが直線になりました。先ほどは曲がっていた関係が、まっすぐな関係に変わりましたね。これが両対数グラフのよいところなのです。

図 13 は、x の 1 乗に反比例するグラフでしたが、両対数グラフ（図 14）にしたとき、「ちょうど斜め 45 度の右下がりのグラフ」になります。ここで「1 乗」の 1 を別の数字に変えて、たとえば x^2 に反比例させると、直線の傾きはもっときつくなります。逆に数字を小さくすると、直線の傾きがゆるくなります。こうした「直線の傾斜」が、両対数グラフを見るときに重要になります。

さて、メールマガジンのランキングに話を戻します。ラ

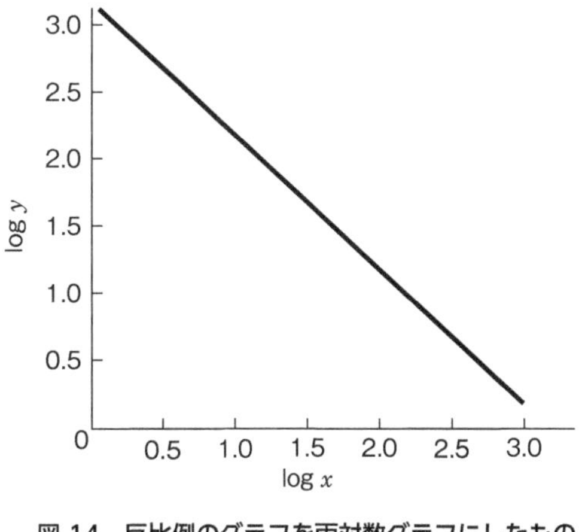

図 14　反比例のグラフを両対数グラフにしたもの

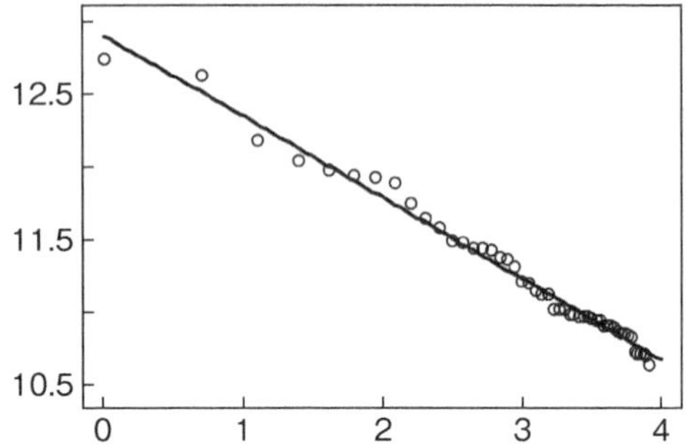

図15　メールマガジンランキングを両対数グラフにした

ンキングのグラフを、さっそく両対数グラフにしてみましょう（**図 15**）。

ご覧のとおり、みごとに直線が当てはまっていますね。この直線の傾きを計算してみると、－0.54244 という数字になっています。

この数字を使って、ランキングと発行部数の関係を式で書くと、

$$\text{メールマガジン発行部数} = \frac{398212.1}{\text{順位}^{0.54244}}$$

となります。分子の 398212.1 は、全体を両対数グラフで見て直線で近似した場合に、順位が 1 位となるメールマガジンの発行部数にあたる数字です。この式から、順位が倍になると、発行部数は 0.6866087 倍になるということが分かります。大まかに言えば、「順位が 2 倍になると、発行部数は元の発行部数の約 7 割になる」ということの

ようです。

とはいえ、以上だけでは根拠が弱いかもしれません。メルマガごとの発行部数は相互に無関係、つまりランダムであるはず。ランダムな発行部数を多いほうから順に並べたら、こんな感じの関係が出てきても、別に不思議ではないような気もします。

そこで、ランダムな数を使っても同じようになるかどうか、実際に試してみましょう。

まず、1から10000までの「でたらめな数字」を50個用意します。でたらめな数字とは、「1から10000まで、どの数字になる確率も同じく$\frac{1}{10000}$になるもの」、つまり乱数です。そのような乱数を50個、何も考えず、ひたすら適当に取り出します。その上で、数字が大きいほうから小さいほうへ1番、2番、……、50番まで並べ替えてみましょう。その結果、**図16**のようになりました。

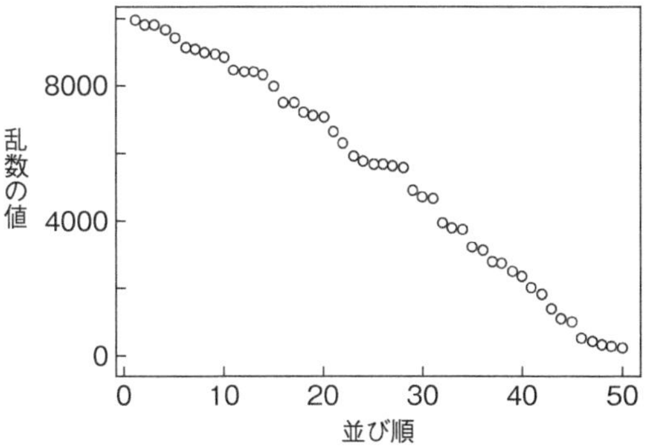

図16　50個の乱数を並べてみると

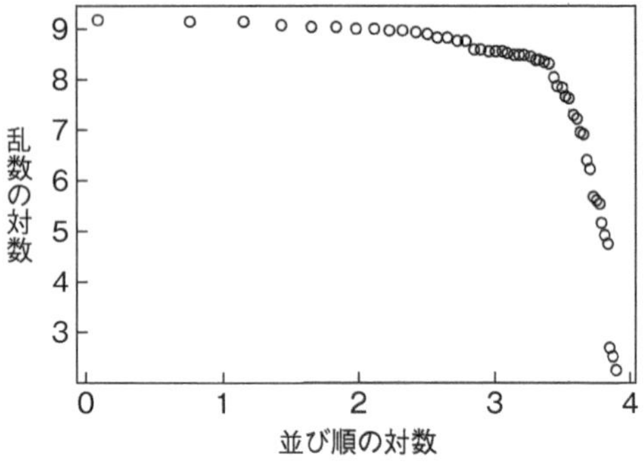

図17　乱数の並び順を両対数グラフで表示

やはり右下がりです。では、これを両対数グラフにしてみましょう（**図17**）。こんどはメールマガジンのときとは異なり、直線になりませんでした。この乱数は、順位の影響を受けたものではありません。つまり、「ランキングが何位であるか」ということとまったく無関係に作った乱数です。

つまり、単なる乱数を並べたものと、メールマガジンのランキングには違いがあるということです。言い換えれば、「メールマガジンにおいては、順位が発行部数に影響を与えている」ということなのです。

しかも、メールマガジンの世界は、勝者総取りに近いようです。先ほど見たように、1位との差は2位が4万部以上、3位になると15万部にもなっています。2位、3位が1位にすぐ追いつけるようなレベルの僅差ではありませんでした。

しかし、慎重に考えてみるとどうでしょう。「順位と部数の関係は、実はメールマガジンの特殊事情ではないだろうか？」という考え方ができる余地も、まだ残されていそうです。

都市人口ランキング

そこで、まったく違うランキングのデータを見てみましょう。大正時代の日本の人口です（**表6**）。

大正時代の日本は今より人口が少なく、5600万人しかいなかったようです。ランキング1位の東京市は今の東京23区にあたりますが、それでも217万人。これは、現在の長野県くらいの人口です。2位の大阪市は、東京市の半分くらいの人口でした。現代との共通点を挙げるとした

表6　大正時代（大正9（1920）年）の日本の各都市の人口

	都市名	人口
	日本全国	5596万3053
1	東京市	217万3201
2	大阪市	125万2983
3	神戸市	60万8644
4	京都市	59万1323
5	名古屋市	42万9997
6	横浜市	42万2938
7	長崎市	17万6534
8	広島市	16万0510
9	金沢市	12万9265
10	仙台市	11万8984

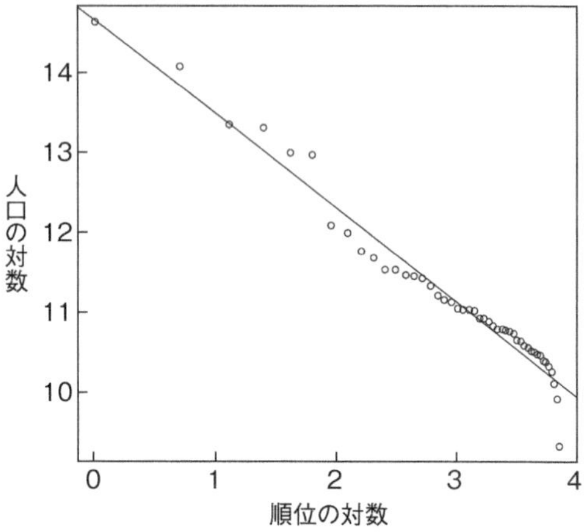

図18　1920年の日本の都市の人口ランキング（両対数グラフ）

ら、東京に人口が集中していることでしょうか。

さて、このデータを両対数グラフにしてみましょう（**図18**）。

点が直線的に並びましたね。メールマガジンの例と同様、両対数グラフが直線になっています。この直線をもとに計算してみると、

$$\text{都市の人口} = \frac{2231222}{\text{順位}^{1.16134}}$$

という関係が成り立っていました。分子の数字は、データを両対数グラフで見て直線で近似した場合に、順位が1位となる都市の人口にあたる数字です。

大正時代の日本の人口と、メールマガジンの発行部数。ほとんど関連性のないデータに、なぜか共通の傾向を見つ

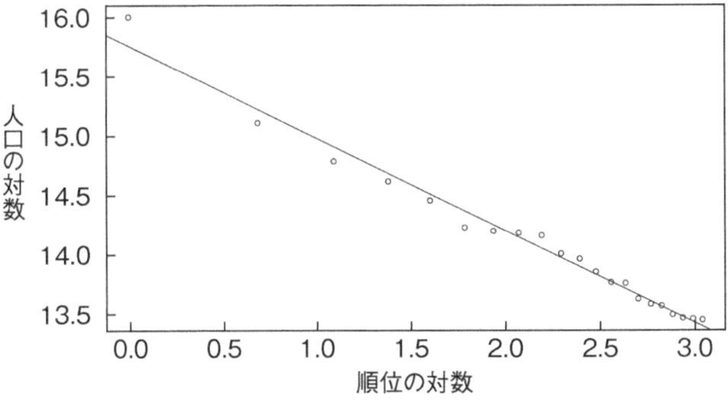

図19　日本の都市の規模のランキングルール（両対数グラフ）

けることができました。このように「両対数グラフが直線になる」法則を、「ジップの法則」と言います。ジップの法則はさまざまな現象に当てはめられますので、聞いたことのある人がいらっしゃるかもしれません。

たとえば、都市の人口規模のジップの法則は、現代においても有効です。日本の都市の人口規模に関しては、2013年4月1日現在のデータでも東京都区部がもちろんトップですが、21位までをざっと両対数グラフにしてみると、**図19**のようになります。

やはり直線的な関係がありますね。詳しく調べてみると、都市の人口と順位の間には、近似的に、

$$\text{都市の人口} = \frac{7101027}{\text{順位}^{0.77548}}$$

という関係があるのです。分子の数字は、データを両対数グラフで見て直線で近似した場合に、順位が1位となる

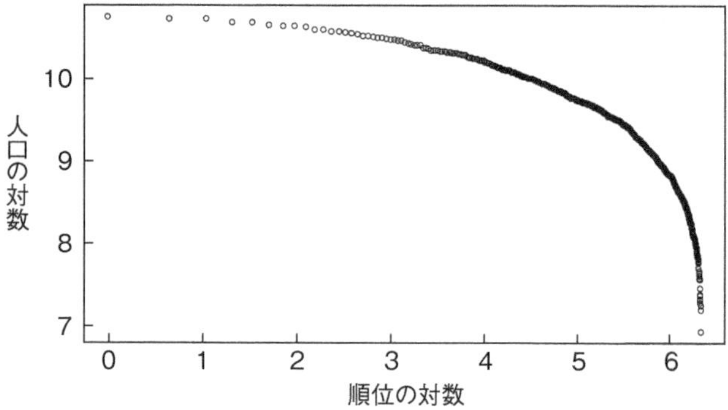

図20　日本の「町」の人口のランキングルール（両対数グラフ）

都市の人口にあたる数字です。やはりメールマガジンのときと同じような関係ですね。

何とも不思議な法則ですが、メールマガジンと都市の共通性は、「人が人を呼ぶ」という性質にあるのかもしれません。というのも、（大勢が購読している）ランキング上位のメールマガジンは、購読者が多いこと自体が面白さの証明となり、さらなる購読者を集める要因となるでしょう。大都市も、すでに人が大勢集まっていることで仕事が増えたり、便利になったりするため、さらに人が集まってくる、という好循環が生まれるのではないかと考えられます。

このように、ランキングルールはさまざまな場面で見られるものですが、当てはまりが悪い例もあります。

日本の市町村のうち、「町」だけを取り出して、両対数グラフで見てみましょう（**図20**）。これは、2013年6月時点のデータです。

どうも直線の当てはまりがよくありません。順位の大きいほうが急に折れ曲がり、直線的ではなくなっています。図17に乱数ランキングの両対数グラフがありましたが、（ジップの法則というよりも）そのほうがむしろ近いようです。

町の人口ランキングの例は、何かを示唆しているのかもしれません。町のランキングのように小さい単位で見ると成り立たないのは、ある程度規模が小さくなると、どの町に住むかはランダムになってしまうからではないでしょうか。

とはいえ、ジップの法則がなぜ成り立つのかについて、じつははっきりした説明はまだなされていません。

ハーバート・サイモン（ノーベル経済学賞を受賞した政治学者・認知心理学者・経営学者・情報科学者）をはじめとして多くの研究がありますが、解明されていないことも依然として残されています。いま現在も、物理学、経済学、情報科学などの研究者が挑戦し続けているジップの法則。皆さんも、この不思議な謎を解明してみませんか？

ベンフォードの法則

6月27日

「携帯電話向けコンテンツやゲームソフト開発を展開する企業が粉飾決算をしていた疑いがあるとして、証券取引等監視委員会は6月26日、金融商品取引法違反（有価証券報告書の虚偽記載）容疑で強制調査に乗り出した」

　このところ、大企業の粉飾決算のニュースが相次いでいる。会計数字を操作し、利益を低く見せかけて脱税するというわけだ。しかも、今回の粉飾決算には、大手監査法人が手を貸していたとのこと。こうなると、粉飾を見抜くのも至難の業だ。

　しかし、税務署は見事に嘘を見抜いた。お手柄である。

　人間の嘘を暴くのは、経験豊かな人間だけができる仕事だ。数学至上主義者の私でさえ、「数学を経理にまで応用するのは不可能だ」と言わざるをえない。

不正を見抜く数学

たしかに、不適切な経理操作を見抜くのは、容易なことではありません。ましてや、不正を見抜くべき会計監査法人までもが結託しているとしたら――まずは不正の存在に気づくことさえできないのではないでしょうか。

ところが、経済学者のハル・ヴァリアンは、これに異を唱えました。そんな場合ですら、不正経理を見抜く方法があるというのです。それも、数学的な方法で。いったい、どういうカラクリなのでしょうか。

私たちが帳簿をぼんやりイメージするとき、そこに出てくる数字はさまざまです。物やサービスの値段はバラバラですから、それらの数字を足したり引いたりした数字もバラバラで、何の規則性もない。何となく、そう思えるのではないでしょうか。

ところが、「数字には規則性がある」。ヴァリアンは、そう言うのです。

古くから知られている数字の法則に、「ベンフォードの法則」というものがあります。ベンフォードの法則とは、人口のデータや、PC内のファイルサイズなどのデータの数字は、161974、14739、1980、1476820、……のように、それぞれの数字の先頭の桁が1であるものが非常に多く、2、3、……、9と数字が大きくなっていくにしたがって頻度が下がっていく、というものです（**図21**）。

そう、皆さんご想像のとおり、ヴァリアンのアイディアは「ベンフォードの法則を、粉飾決算を見抜くことに応用する」というものでした。

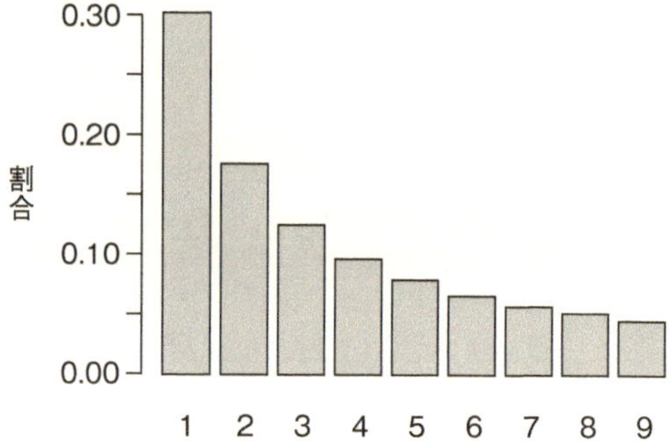

図21　ベンフォードの法則

もし、誰かが不正に経理上の数字をいじったら、ベンフォードの法則が成り立たなくなるはずですね。それを利用して、ベンフォードの法則とのズレを調べれば粉飾決算が分かる、とヴァリアンは指摘したのです。なるほど。

しかし、図21を見ると、気になる点があります。そもそも、なぜ1がこんなに多いのでしょう？　冷静に考えると、これはおかしな図ではないでしょうか。

そこで、1桁～2桁の数字（つまり1から99まで）について、先頭の数が1から9のいずれになるかを調べてみました[8]（**図22**）。

その結果、どの数字も均等に出てきています。1から9まで、それぞれ11回ずつになりました。当然といえば当然ですが、先頭の数字の範囲にまったく制限がなければ、どの数字も均等に出てくることが確認できます。当然ながら、この例ではベンフォードの法則は成り立っていません。

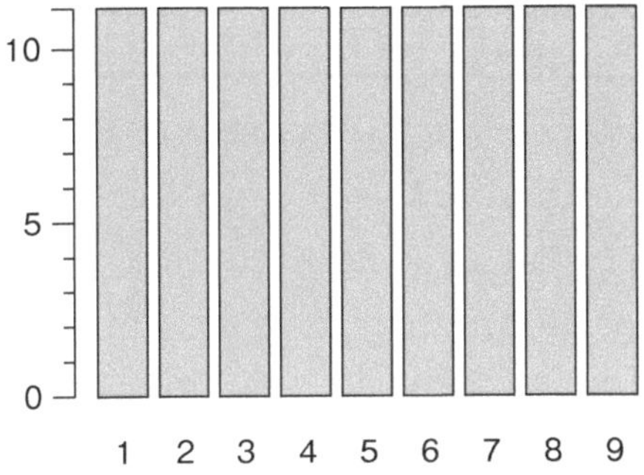

図 22　1から99までの数の先頭の数の分布

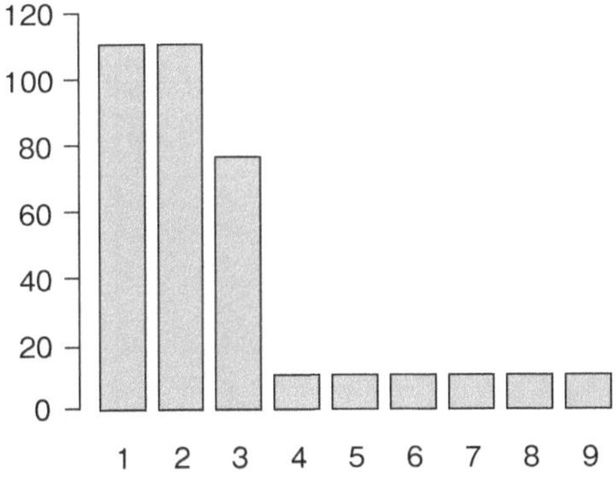

図23　1から365までの数の先頭の数の分布

図 22 の例は 1 から 99 まででしたが、範囲を変えてみたらどうなるでしょうか。こんどは、1 から 365 までの範囲を調べてみましょう。その結果は**図 23** です。

1 から 99 までとは、だいぶ様相が違いますね。1、2 が圧倒的に多く、3 もそれに次ぐ多さです。図 22 の例とは違って、今回は先頭の数字の範囲に制限がありますね。このようなときは、ある数字（図23の場合は4）から急に回数が減るようです。

この結果も、ベンフォードの法則とは違います。1から9にかけてなだらかに減っていくはずなのに、図23では、4から9は全部同じ頻度になっているのですから。

解せません。ヴァリアンは、なぜベンフォードの法則を持ち出したのでしょうか。

■ 株価に表れた法則

手元に株価の終値のデータがありますので、この例で確かめてみましょう。**図24**は、2013年5月24日の東証1部と2部で取り引きされている3700銘柄（指数も含まれています）の終値のデータに対して、その先頭の数の分布をグラフにしたものです。

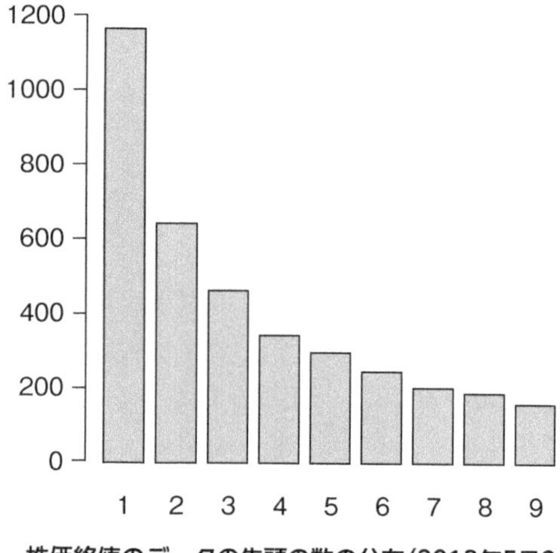

図24　株価終値のデータの先頭の数の分布（2013年5月24日）

いや、驚きました。私もたった今、終値のデータをグラフにしてみたところなのですが、目を疑うくらいです。つまり、株価の先頭の数の分布はまったく一様ではなく、1から9まで順々に小さくなっています。ベンフォードの法則にかなり近いですね。

しかし、いくら傾向が似ているといっても、理論通りにはなっていないのではないかと思われるかもしれませんね。私もそう思います。理論通りと言えるかどうか、ぜひ確かめてみたいものですが、どのように判断したらよいのでしょうか。

こういうときは、理論から予測される数字と、実際のデータの数字のズレに注目しましょう。「統計的に見て、ズレが大きすぎないかどうか」を調べればよいのです。

そこで、理論値（ベンフォードの法則に従った場合の先

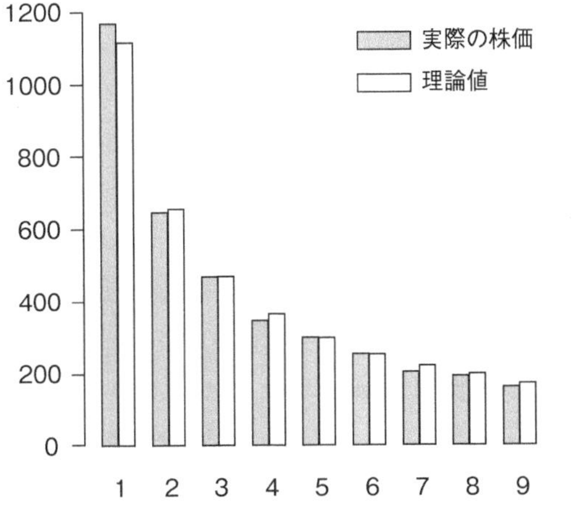

図25　株価の先頭の数の分布とベンフォードの法則の理論値

頭の数の分布）と、実際の株価データを並べてみました（**図 25**）。理論値の出し方は、後ほど詳しく説明します。

こちらも、理論値に限りなく近いですね。微かに違うところがありますが、このズレが大きすぎないかどうかを調べるためには、統計学の「検定」という手法を使うのが一般的です。

さっそく検定[9]にかけてみると、結果は、「株価の先頭の数の分布は、ベンフォードの法則に従っていないとは言えない」と出ました[10]。

「従っている」と言えればよいのに表現が回りくどいですが、これは統計学のお約束です。統計学というのは部分的に偶然起きた現象を扱っているため、「絶対にこうなっている」と言い切ることができないのです。そのため、こうした曖昧な言い回しになってしまっていますが、かなり確度が高いことは間違いありません。

それにしても、驚くべき関係ですね。他にも例があるのかどうか、もう少し調べてみましょう。

素数にもベンフォードの法則

100 万以下の数の中には、78498 個の素数があります。素数は、1 とその数以外では割り切れない数です。これらの素数について、それぞれの先頭の数字の分布を調べてみました。結果は、**図 26** です。

図 26 を見ると、たしかに 1 が多いものの、ベンフォードの法則よりも、各数字の頻度の違いが小さくなっています。むしろ、均等な分布に近くなってしまっていますね。

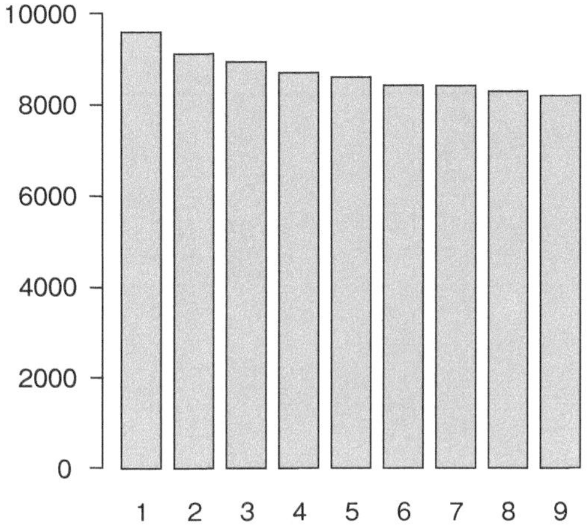

図26　100万以下の素数の先頭の数の分布

ということは、ベンフォードの法則は錯覚だったのでしょうか？

数学者のルケとラカサが、2009年の論文[11]で、「素数の先頭の数字の分布」について報告しています。彼らの論文によれば、「ベンフォードの法則は、より一般に成り立つ法則の一部と解釈することができ、素数の先頭の数字の分布は、一般化されたベンフォードの法則で説明できる」というのです。ややこしい言い方ですが、つまり、ベンフォードの法則とは「オリジナルのベンフォードの法則」と「一般化されたベンフォードの法則」の2種類に分けて考えられるということです。

では、「オリジナルのベンフォードの法則」と「一般化されたベンフォードの法則」を、それぞれ説明しましょう。ルケとラカサによれば、「オリジナルのベンフォード

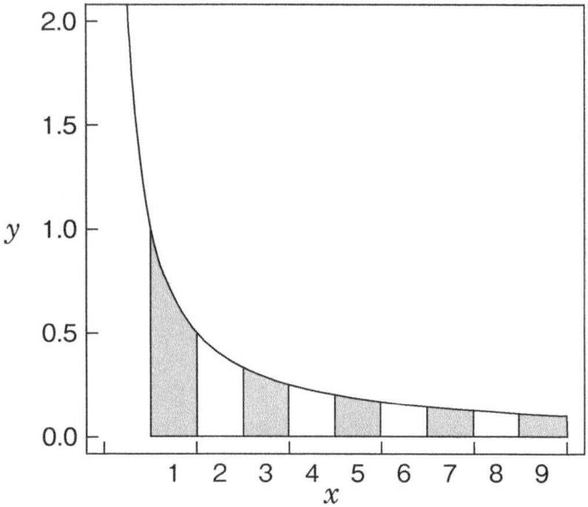

図27　オリジナルのベンフォードの法則

の法則」は、反比例のグラフと関係しています（**図 27**）。「先頭の数字が1になる割合が、1から2までの面積、先頭の数字が2になる割合が、2から3までの面積……」というふうに対応しています。全体がちょうど100%になるように調整されているわけです。

これに対して、「一般化されたベンフォードの法則」は、反比例のグラフ（$y=\frac{1}{x}$）の代わりに、

$$y=\frac{1}{x^a}$$

のグラフについて、同じことが成り立つと考えます。$a=1$ のときが、「オリジナルのベンフォードの法則」です。

2種類のベンフォードの法則の関係を図にすると、**図 28** のようになります。

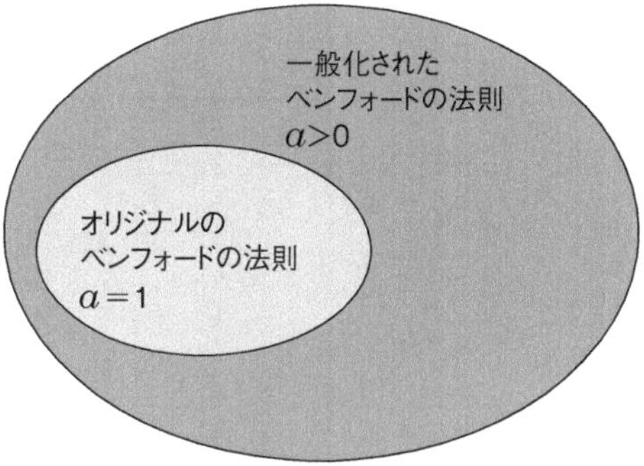

図28　オリジナルと一般化されたベンフォードの法則の関係

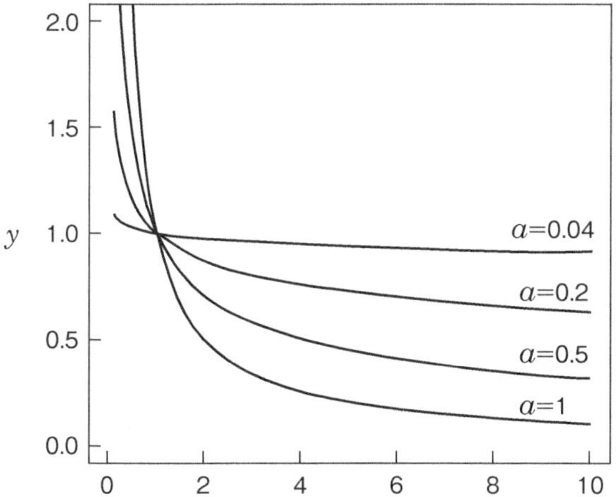

図29　ベンフォードの法則を一般化する

ここで、a を変化させてグラフを描いてみましょう（**図29**）。a が小さくなると、だんだん平らになってくることが分かりますね。

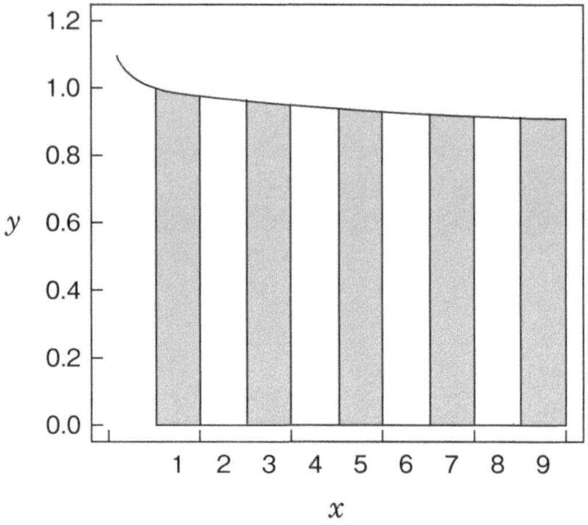

図30　a＝0.04のときの一般化されたベンフォードの法則

図30は、$a=0.04$のときのベンフォードの法則です。図の短冊の面積が、先頭の数字の割合に対応しています。

ルケとラカサは、さらに大きな素数の先頭の数の分布を調べました（**図31**）。(a)の黒い棒は、10^8までの範囲にある5761455個の素数の先頭の数の分布です。横に寄り添うように並んでいる白い棒は、一般化されたベンフォードの法則（$a=0.0583$）の理論値です。驚くべき一致ではありませんか。

さらに、素数の範囲をもっと大きく変えた場合にも、ベンフォードの法則を適用することができます。(b)は10^9までの範囲（$a=0.0513$）、(c)は10^{10}までの範囲（$a=0.0458$）、(d)は10^{11}までの範囲（$a=0.0414$）の素数の先頭の数字の分布です。aの値が微妙に異なりますが、か

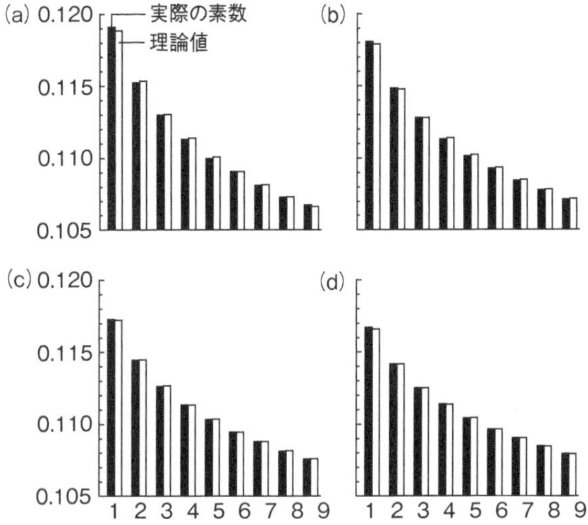

図31 素数の先頭の数の分布（縦軸は0からではないので注意）[12]

なりきれいに一致していますね。論文では、先ほど株価の終値に対して使ったものと同様の検定も行われており、文句なしの精度で一致しているのです。

ヴァリアンがこの説を唱えたのちに、ニグリニという会計学者も、実際にベンフォードの法則を使って粉飾決算が見抜けることを統計的に示しました[13]。ヴァリアンの慧眼は、まさしく見事としか言いようがありません。

第2章 直感を裏切る確率

恐怖の誕生日

8月4日

統計学は、脱税を見抜くときにも役に立つらしい。

考えてみると、統計学は税務だけでなく、他分野にも応用されているように思う。たとえば、占いはどうだろう。西洋占星術や四柱推命では、占いたい人の誕生日をベースにして人の運命を推定する。言うまでもなく、誕生日は企業の帳簿と同様に数字で構成されている。したがって、数字を使って運命を見抜くことができる、というわけだ。

仮に「ある2人の誕生日が同じ」だとする。それは滅多にあることではなく、「統計学的、あるいは確率論的に非常に重い意味を持つ」と考えられるだろう。

バースデーパラドックス

なるほど、誰かと誕生日が同じだと知ると、親近感を覚えることもありますからね。ですが、それは本当に運命的なことだとまで言えるのでしょうか。野暮を承知で、確率を計算してみましょう。そこで早速、問題です。

> あるクラスに23人の生徒がいる。彼・彼女らのうち、同じ誕生日の人がいる確率は何%か。ただし、うるう年は考えない。

クラスメイトと誕生日が同じというのは、ちょっとした驚きがありますね。生年月日は、うるう年を除いても365通りありますから、それが同じになるというのは、偶然にしてもできすぎているような気がします。その確率は、感覚的にはとても小さく感じられるのではないでしょうか。

しかし、じつはその確率は50.7%もあるのです。

人数を変えて調べてみると、さらに驚くべきことが分かります。30人のときは70.6%、40人では89.1%、50人ではじつに97%にも達するのです。逆に、人数を20人に減らしてみても41.1%、10人のときですら11.7%もあります。東京のような大都市を歩けば、誕生日が同じ「運命の2人」が、そこらじゅうにいることになってしまいます。

こうした状況を可視化するために、誕生日が一致する確率をグラフにしてみましょう（**図32**）。

確率が急速に上がっていますね。この現象は、「バース

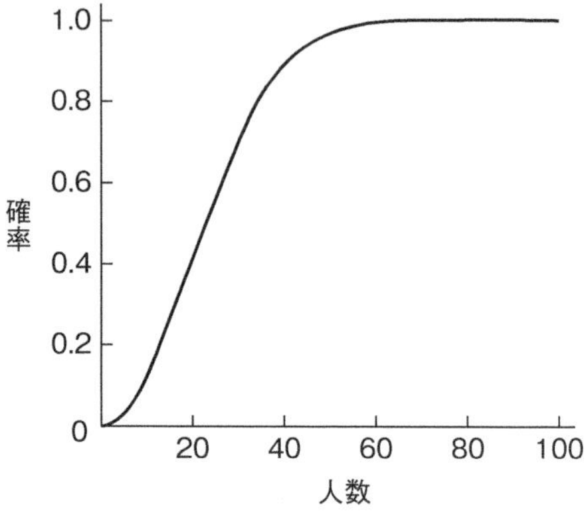

図32　誕生日が一致するペアが出現する確率

デーパラドックス」と呼ばれています。直感的には珍しいことだと感じられるのに、じつはかなり高い確率で起こる。それが、バースデー「パラドックス」と呼ばれる所以なのでしょう。

それにしても、なぜバースデーパラドックスのような現象が起きるのでしょうか。

まず、あなたを含んだ23人の中で、「あなたと同じ誕生日の人」がいる確率を計算してみると――その確率は、約6.1％にすぎません。確率がはじめて50％を超えるのは、253人のときです。これは私たちの直感どおりで、少しも不思議ではありませんね。

じつは、私たちが最初に頭に思い描くのは、「自分と同じ誕生日の人」がいる確率で、それは確かにとても小さいのです。

ところが、バースデーパラドックスで問題になっているのは、23人の人がいるとき、「どの誕生日でもよいから、同じ誕生日のペアが1組以上になる確率」ですので、そもそもの前提が異なっています。つまり、直感が問題を正確に捉えていなかったことが間違いの原因であり、変に思えたのは一種の錯覚だったということなのです。

誕生日が一致する確率

バースデーパラドックスは、意外とシンプルに計算することができます。

はじめに、最も簡単な場合を考えましょう。メンバーの人数が2人だけの場合です。2人の誕生日が同じだとすると、それは365日のうちのどれか1日ですから、一致する確率は、

$$\frac{1}{365}$$

になります。当たり前ですね。

では、メンバーが3人になったらどうでしょう。このときは、まず3人の誕生日が全員違う場合の数を計算して、全体から引き算すればよいことになります。

3人の誕生日がばらばらになっている場合の数は、

$$365 \times 364 \times 363 = 48228180$$

通りあることになります。3人の誕生日の場合の数は、

$$365 \times 365 \times 365 = 365^3 = 48627125$$

通りです。ですから、3人の誕生日のうち、少なくとも1つの一致ペアが存在する場合の数は、

$$365^3 - 365 \times 364 \times 363 = 398945$$

通りあることになります。この数字をすべての場合の数

$$365^3 = 48627125$$

で割れば、3人のうち、少なくとも2人の誕生日が一致する確率を計算することができます。答えは、

$$\frac{398945}{48627125} = 0.0082\cdots\cdots$$

つまり、0.82％くらいということになります。

同じように計算していけば、メンバーが4人、5人、……の場合の確率を計算することができます。計算してみると、人数が少ないときは確率も小さいのですが、少し人数が増えただけで、確率が急上昇することが分かります。

誕生日の場合は、365通りのパターンがあります。ここで、一般にn通りある場合、50％になるのは、およそ

$$1.18\sqrt{n}$$

人集めたときです。

これは、$\sqrt{n}$になっているところがポイントです。ルートになる理由は難しいので巻末注[14]に書きましたが、よ

り重要なのは、「nが大きくなると、$\sqrt{n}$はnよりもずっと小さくなる」ということです。たとえば、nが100なら$\sqrt{n}$は10に、nが1万なら$\sqrt{n}$は100になりますね。この公式に$n=365$を代入すると、

$$1.18\sqrt{365} = 22.5\cdots\cdots$$

となります。もちろん22.5人という場合はありませんが、この人数を超すと50%を超えるわけですから、23人集めれば確率が50%を超えるということが分かります[15]。

この公式は応用範囲が広いため、非常に便利です。たとえば、誕生日ではなく、「誕生月が同じである確率」も計算することができます。$n=12$（月の数）ですから、

$$1.18\sqrt{12} = 4.1\cdots\cdots$$

となります。メンバーが5人いれば、誕生月が同じである確率は、50%を超すことが分かります（5人で計算してみると、実際は60%を超える確率になります）。これは私たちの感覚でも、「そんなものかな」と思える数字でしょうか。

この他に、「生まれた日だけが同じである確率」も計算できます。日数は誕生月によって違いますが、大ざっぱに30日くらいと考えれば、

$$1.18\sqrt{30} = 6.5\cdots\cdots$$

ですから、7人集まれば5割を超えることが分かります。

また、少し変形したバージョンも作ることができます。

誕生日が一致するのではなく、日にちが近い、「1日違いのペアがいる確率」はどの程度でしょうか。たとえば23人のときでは88.8%の確率です。日にちがぴったり一致する確率よりも、ずっと大きくなりますね。誕生日がニアミスするという現象は、じつはちっとも珍しくないのです。

赤の他人が同一人物とみなされる確率

バースデーパラドックスは、いったん仕組みが分かってしまえば何のことはない話に思えるかもしれません。

しかし、バースデーパラドックスは、ときとして深刻な問題に発展します。

ノートパソコンや銀行のATMなどに、指紋や手のひらの静脈パターンを利用した生体認証技術が取り入れられていることがありますね。

これらは、セキュリティを高める方法として採用された技術です。いわば、自分自身を鍵にするわけですから、どこかに置き忘れる心配はありませんし、他人に渡すことも、普通はできません[16]。

認証の精度も相当なものです。他人を間違って本人とみなしてしまう他人受容率は、10万分の1から100万分の1程度の製品も出ているようです[17]。もっと高精度にすることも可能ですが、あまり精度を上げてしまうと、こんどは誤って本人を他人だとみなしてしまう「本人拒否」の割合が上がってしまって問題があります。実用性を考えれば、この他人受容率は非常に低い（＝高精度）と言ってよいでしょう。

さて、このような生体認証技術ですが、データベースが充実してくるにつれて、別の、ある厄介な問題が浮上してきます。

この元凶こそが、バースデーパラドックスなのです。

バースデーパラドックスの本質を考えるために、少し別の観点から見てみましょう。

23人の生徒でペアを作る場合、まず誰か1人を決めて、残りの生徒とペアを組むと考えます。それらが何通りあるかを考えるとき、ペアの順番を入れ替えたぶんを考慮すると、23×22人を2で割ればいいことになります。計算すると、253通りです。これだけたくさんのペアがあれば、たとえ自分と同じ誕生日の人がいる確率が小さくても、その中で「誰かと誰かの誕生日が同じになる確率」はかなり高くなる。これが、誕生日のペアが成立する確率が高いことの本質です。

さて、こんどは1万人分の生体認証データが登録されたデータベースがあると考えましょう。このデータベースに登録された人のペアの総数は、ほぼ5000万（= 10000×9999/2）になります。5000万のペアがあるとき、間違って同じ人だと判定されてしまう場合はありえるのでしょうか。

答えは、「ほぼ確実にある」です。確率を計算すると、他人受容の危険率がわずか100万分の1しかなかったとしても、同一判定される確率が50%を超してしまうのは、たった1180人のデータベースからなのです[18]。

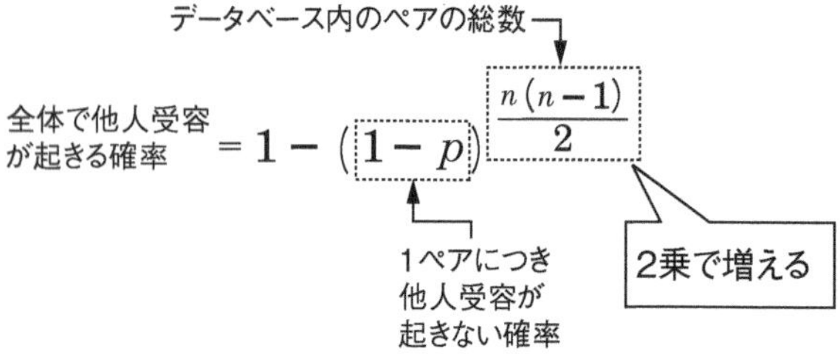

図33　他人受容が起きる確率が上がる仕組み

図33を見れば、その数学的な仕組みが分かっていただけるでしょうか。

ここで1つのペアにつき、他人受容が起きる確率がpであるとしましょう。今の例でいうと、100万分の1です。すると、1ペアにつき、他人受容が起きない確率は$1-p=0.999999$になるはずです。この確率は、ほとんど1と言ってもよいくらいの数字ですが、1よりほんの少しだけ小さくなっています。

データベース内のペアの数は、データ数をnとすると、$\frac{n(n-1)}{2}$だけあることになります。およそnの2乗の2分の1で増えていくわけです。すると、データベース全体で他人受容が起きない確率は、1より小さな数$1-p$を$\frac{n(n-1)}{2}$乗することで求められます。$n=10000$のとき、$1-p=0.999999$が掛け算される回数は、ほぼ5000万回になります[19]。

たとえ元はいくら1に近い数だったとしても、これだけの回数で掛け算されたら、最終的にはほぼ0になってしまいます。その結果、全体で他人受容が起きる確率は、

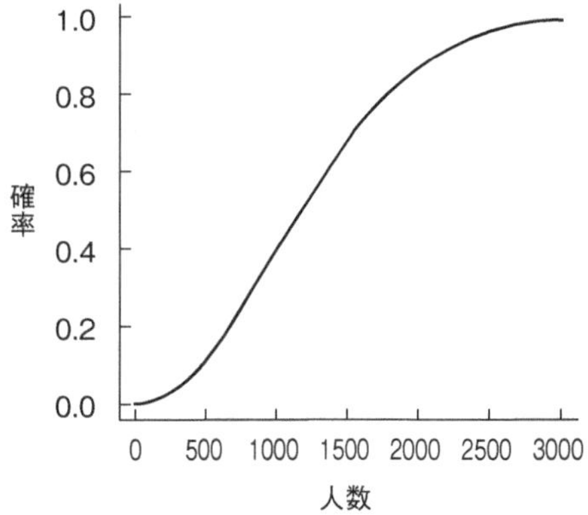

図34　100万分の1の他人受容率の場合の同一と判断されるペアができる確率

「ほぼ1」ということになってしまうのです。

ということは、ペアが1組現れるどころの話ではありません。1万人のデータベースでできるペアの期待値は、ほぼ50になってしまいます。つまり、データベースの中で同じ人だと判断されてしまうペアは、50くらいあるということになるのです。

生体認証装置の精度をさらに上げて、他人受容の確率を1億分の1にしたとしましょう。それでも、データが11800人に達するくらいで、同一人物と判定されるペアが現れる確率が50%を超えてしまいます。

このことから、生体認証による個人認証は、その精度がかなり高かったとしても、あまり大勢を認証するのには向いていないということが分かります。

DNA鑑定の落とし穴

もっと深刻な問題もあります。

FBIなどには、犯罪者に関する巨大なデータベースがあります。犯行現場に残された指紋、血液、ときには防犯カメラに残された写真などが記録されています。DNAの情報もあり、こうした情報はデジタルな形で保存されるようになっています。データの照合は簡単で、しかも高精度です。

しかし、こうしたデータベースが発達すると問題が起きる、と警告を発している人がいます。法医学DNA鑑定技術の発明者、アレック・ジェフリーズ博士がその一人です。懸念材料は、もちろんバースデーパラドックスです。

DNAはご存じのとおり、人間の遺伝情報が塩基の形で並んでいるもので、2本の糸がらせん状につながっています。DNAにはすべての遺伝情報があるため、一卵性双生児を除いて、完全に一致することはありえません。DNAは細胞の中にありますから、細胞を含むものから採取することができます。血液、骨や歯、毛根の残っている毛、爪の破片、タバコの吸殻、指紋、噛んだあとのチューインガムなど、あらゆる材料から採取することができます。

とここまで聞くと、DNA鑑定の結果は、(一卵性双生児を除いた) すべての個人を特定できそうに思えます。「犯行現場に残された髪の毛のDNA型が一致した。お前が犯人だ!」 とでも言われたら、言い逃れは難しいような気がします。

もちろん、現場に残された毛髪などは必ずしも犯人のものとは限らないので、間違いが起きる可能性もあるでしょう。しかし、仮にそのような間違いがなかったとしても、たとえば殺人事件で現場には犯人と被害者のDNAしか残されていなかったとしても、間違う可能性が残されています。

なぜなら、DNA鑑定では、DNAに含まれる**すべての塩基配列を調べるわけではない**からです。すべてを調べられない理由は、現時点では莫大なコスト（時間、お金）がかかるためなのですが。

平成22年警察白書によれば、現在警察で行われている15座位のSTR型検査法では、同一のDNA型の出現頻度が4.7兆分の1とあります。しかし、和田俊憲「遺伝情報・DNA鑑定と刑事法」(慶應法学第18号（2011)）という論文では、「この確率を基にして、地球全体、あるいは日本全体で同一ペアが**存在しない**確率は極めて小さく、ほとんど0とみなせる」と指摘されています。つまり、この**DNA鑑定で同一人物だと判定されるペアは、ほぼ確実に存在してしまう**わけです。

そこで、実際に「ペアが生ずる確率が50%を超す人数」を計算してみました。結果は、約256万人。およそ大阪市の人口くらいです。

日本では、2004年からDNAのデータベース化が始まりましたが、2013年1月時点で34万件を超えた程度でしかありません。このくらいならそう大きな問題はない、という気もしなくもありません。

ところが、これより小さなデータベースでも、「偶然の一致」が起きたことがあるのです。

アメリカのメリーランド州では、2007年1月の時点でDNAデータベースに約3万人のデータが格納されていました。約3万人というのは、ペアの現れる確率が50%を超える理論値（約256万人）より、2桁も小さいサイズです。それにもかかわらず、「実際に」DNAの一致があったというのです[20]。

先ほどの警察白書における4.7兆分の1という確率は、あくまでも理論的なものでした。しかし、実際の確率は、もっと大きいのかもしれません。

情報セキュリティの教科書には、バースデーパラドックスが必ず載っています。それには2つの意味があるでしょう。ひとつは当然のことですが、情報セキュリティに携わる者が、絶対に理解しておかなければならない事実だということ。そしてもうひとつは、日常的に数学に触れている者でさえ、正確に確率を把握するのは非常に難しいということなのです。直感で「ざっくりこのくらい」と見積もるのではなく、きちんと数え上げることの重要性を示唆する話ではないでしょうか。

ダーツの跡

8月27日

出張のため、飛行機に乗った。定員約500名のジャンボジェットが満席だ。重すぎて飛行機が落ちるのではないだろうか。

ちょっと調べてみた。

ウェブページによると、こうだ[21]。「日本人の平均体重は58kgくらいですから、500人で29000kg（29 t）になります。重い人が乗ると総重量は大きくなりますが、逆に軽い人もいます。合計するとどうなるかというと、これは確率の問題です。ざっくり計算すると 、乗客の総重量は95％の確率で、29 tプラスマイナス270kgの範囲に収まってしまいます」

なるほど、誤差は平均の1％にも満たないらしい。「ランダムな数字の合計が、真の平均 × 数字の個数とほぼ同じになる」という性質は、じつに重要なものだ。数学の中でも、「平均」という概念はどんな場合にも通用する。万能の武器と言っても過言ではないだろう。

▌大数の法則

「全乗客の合計体重の誤差が全体の1%にも満たない」とは、たいへんな精度ですね。いささか信じがたいほどですが、事実そうなるようです。というのも、体重は人によってバラバラで、重たい人がいれば軽い人もいます。平均とは「重心」のようなものですから、大勢の人がいると、重たい人たちの平均からプラス方向へのズレと、軽い人たちの平均からマイナス方向へのズレは、だいたい同じくらいに収まるのです。

このことは、確率論や統計学で有名な釣鐘型の分布（正規分布）から計算できます。体重だけでなく、身長や多くの試験の点数などにおいて、平均は「全体を代表している数字」だと言うことができます。平均について学校で繰り返し勉強させられるのは、こうした理由だったのですね。

しかし、平均が「万能の武器」なのかというと、世の中そう甘くはありません。なぜなら、平均がいつでも「ある」とは限らないからです。

体重の話は少々複雑なので、まずは定番のサイコロの話から始めましょう。

サイコロを何度も転がして、出た目を記録していきます。すると、目がいつでも同じ数字になったり、1、2、1、2、1、2、1、2、1、2のように規則的な目がずっと出続けることはありません。でたらめな数字が並ぶことになります。

たとえば、100回サイコロを振って出た目を記録すると、こんな感じになるでしょう。

54123356644121264516654451353666214541365545423121322535654564513122665325541333453141164523146553

こうした不規則な数字でも、たくさんの回数で平均を取ってみると、だんだんと真の平均値に近づいていきます。これを「大数《たいすう》の法則」と言います。確率論の基本定理といってもよい、重要な事実です。なお、ここでいう平均とは、正確には「標本平均」と呼びます。出た目の並びは「標本」で、その平均だからです。それは標本ごとに違います。

さて、上記の例で平均を計算してみると、3.59という数字になります。真の平均値は、$\frac{1+2+3+4+5+6}{6}=3.5$ですから、近い値になっていますね。

次に、再びサイコロを投げて、たとえば次のような目が出たとします。

2215263364421133154663……

先ほどのように一度に平均を出してしまうのではなく、左から順番に、

$$2,\ \frac{2+2}{2},\ \frac{2+2+1}{3},\ \frac{2+2+1+5}{4},$$

$$\frac{2+2+1+5+2}{5},\ \cdots\cdots$$

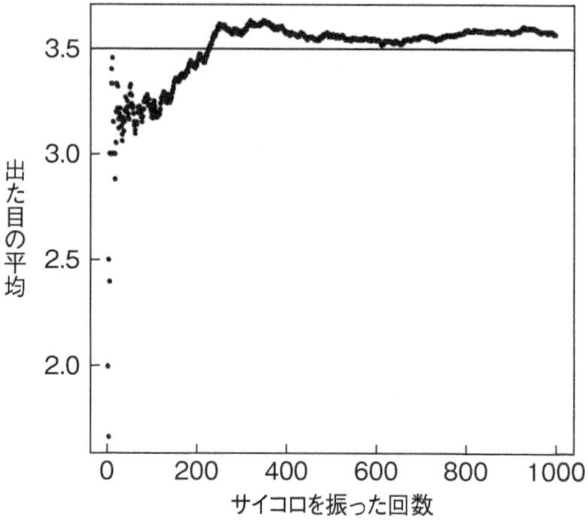

図35　大数の法則を目で見る

のように平均を取っていくとどうなるでしょうか。この操作をコンピュータでシミュレーションし、1000回繰り返した様子をグラフ化してみると、**図35**のようになります。

最初は、必ずしも3.5に近いわけではありませんね。けれど、サイコロを振る回数を増やしていくにつれ、徐々に3.5に近づいていきます。3.5に近づく近づき方は非常にゆっくりではありますが、回数を増やせば増やすほど、標本平均がどんどん3.5に近づいています。先ほどの「大数の法則」を教科書的に書くと、

「標本平均は、標本の大きさが大きくなると真の平均に近づいていく」

と表現することができます。

しかし、これが数学の定理だと言ったところで、驚きは少ないでしょう。これは、確率論を知らない人でも、何となくそう感じるような現象ですから。こんな当たり前のことを証明するなんて、数学者って暇なのね、と思うくらいではないでしょうか。

ところで、大数の法則であれ何であれ、数学の定理には必ず「前提」があります。前提なしで、結論だけポロリと出てくることはありえません。

つまり、大数の法則にも前提がある。その前提は、「真の平均が存在する」ということです。真の平均が存在するなんて当たり前ではないかと言いたくなりますが、数学の世界は一筋縄ではいきません。

なぜなら、数学的には「真の平均が存在しない場合がある」からです。

平均が存在しない世界

ダーツで実験すると、このことを実感できます。ダーツは、30 cmから40 cmの的（ダーツボード）に向かって、離れたところから矢（ダート）を投げ、得点を競うゲームです。

ここで、中心めがけてダーツを投げては、ボードに当たった場所を記録していくと、どうなるでしょうか。上手な人なら最初から真ん中に当てることもできそうですが、たいていの場合は、中心から外れてしまうことが多いでしょう。だとすると、結果はだいたい**図38**のようになるはずです。

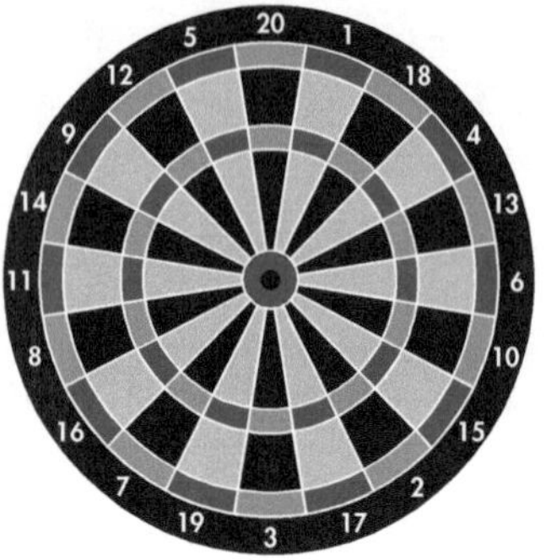

図36　ダーツボード

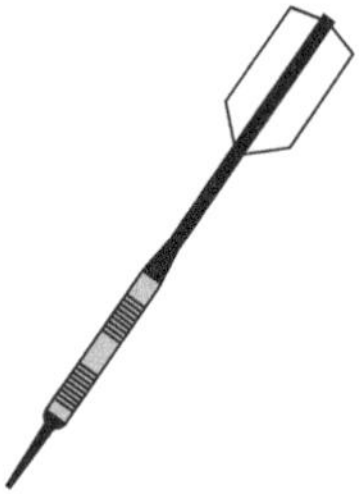

図37　ダート

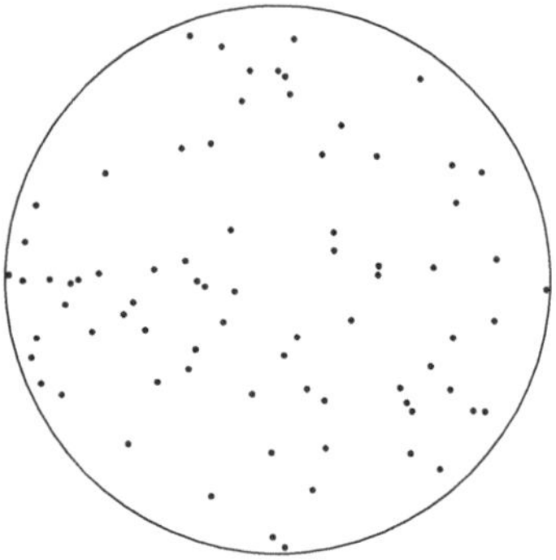

図38　ダーツが当たった場所の記録

図 38 では、ダーツボードに当たらなかったものは除いています。よく見るとダーツボードの縁に乗っているものもありますが、それは問題の本質ではありません。全部ダーツボードに当たったと思うことにします。

その上で、「ダーツが、中心からどの方向に外れたか」を見ます[22]。**図 39** のように、中心とダーツが当たった場

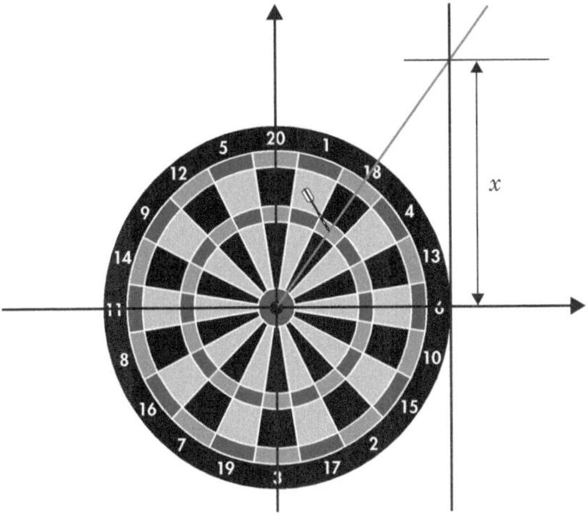

図39　外れた方向を記録する

所を通る直線を引いて、図のような垂直線に交わる点と横軸までの距離（高さ）をxとして、それらを記録していきます。

このとき、xの値がマイナス無限大から無限大までの値をとる、というところがポイントです。

たくさんダーツを投げたとき、xはどのような分布になるでしょうか。100回のシミュレーションの結果をヒストグラム[23]にしてみます（**図40**）。ヒストグラムとは、この場合で言うと、横軸にxの範囲を20ずつにまとめた区切りを入れ、縦軸にその範囲に収まった回数をとった棒グラフのことです。

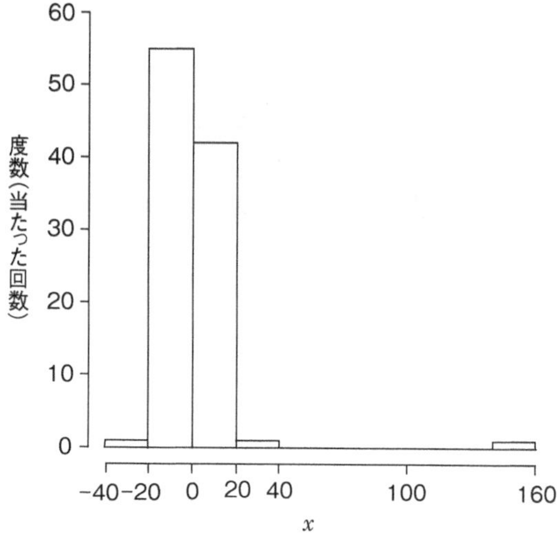

図40　100回のダーツ実験によるxの分布(シミュレーション)

xが0の近くに来ることが多いようですが、これは偶然ではありません。本当の分布がどのようになっているかは理論的に分かっており、**図41**のようになります。

左右対称で、0の近くに山ができています。この分布は、発見者の名前を取って「コーシー分布」と呼ばれています。

図41を見ると、正規分布にそっくりです。だとすると、平均は0ということでよいのでは？　という気がしますね。数十年前、計算機科学専攻の友人にこの話をしたところ、この場合は平均0というべきではないか、と彼も言っていました。

しかし、それでもやはり「平均は存在しない」のです。

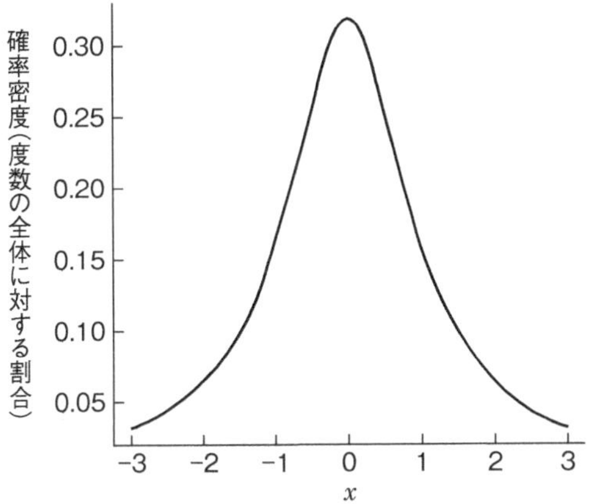

図41　コーシー分布の一例

確率論によれば、「有限な平均が存在しさえすれば、大数の法則が成り立つ」[24] ことが知られています。つまり、「大数の法則が成り立たないなら、平均は存在しない」ことになります。とはいえ、大数の法則が成り立たない例というのは、すぐにはイメージしづらいですね。

そこで、ダーツの実験をさらに繰り返したら、標本平均がどうなるかを見てみましょう。ひたすらダーツを投げ、xを記録し、順に標本平均を取っていきます。標本平均を記録すると、**図42**のようになります。

横軸が実験の回数で、縦軸が標本平均です。0に近づくような挙動も見られますが、ときどき標本平均がドーンと下がったりして、0から大きく離れていますね。理由は、xを一直線に並べるとよく分かります（**図43**）。

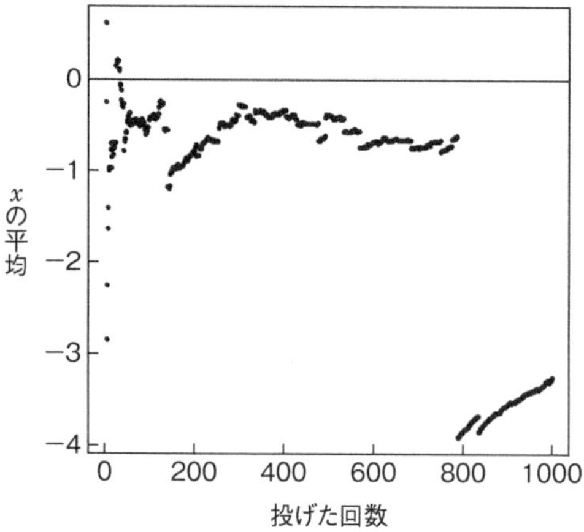

図42　ダーツにおけるxの平均の動き

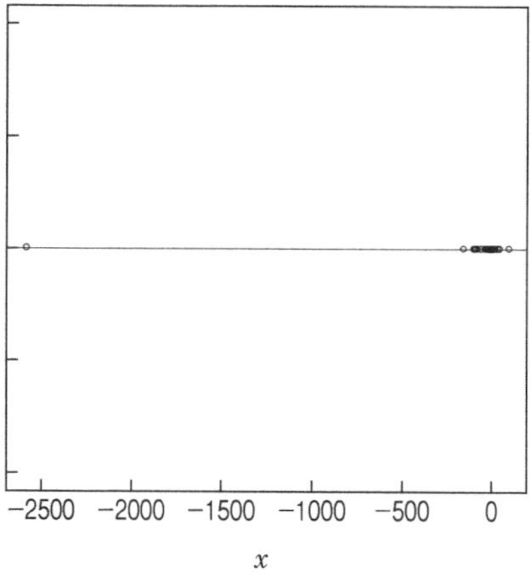

図43　ダーツ実験(1000回)のxの値

おおむね0の近くに値が固まっていますが、負の方向にも極端に大きな値があります。標本平均を大きく変えるほど、極端に外れた値です。これが標本平均を大きく引き下げるのです。これほど0から外れた値は、サイコロの目の場合にはありえません。最小値は1、最大値は6と決まっているからです。

極端に0から外れた値が出るのが「それほど稀でもない」というのが、コーシー分布の特徴です。つまり、ダーツ実験における x の分布は、大数の法則を満たしません。ときどき出現する極端な値が、標本平均をドーンと変えてしまうわけです。「標本平均は、標本の大きさが大きくなると真の平均に近づいていく」という大数の法則ですが、真の意味はこういうことなのです。

万能に見える「平均」も、存在していなければ使うことはできません。数学者がなぜ存在にこだわるのか、その理由の一端がここにあります。

待ち行列

9月7日

鏡を見たら、髪が伸びすぎていた。さっそく床屋へ出かける。

「1人10分でカットします」とのことだが、すでに10人の先客が待っている。待つのが苦手な私は、家へ帰った。

が、どうしても髪を切りたい。完全予約制の美容院なら大丈夫かもしれない。電話してみると、「ただいま予約のお客様が入っておりまして。1時間後なら空いております」とのこと。

先ほどの床屋なら、10分×10人で待ち時間は1時間40分。それよりは1時間待ちのほうがマシだろう、というわけで、美容院に予約を入れた。こういうとき、数字に強いと得をする。

みるみる行列が減る不思議

たしかに、理容師さんが１人だとそうなります。しかし、１人10分カットの床屋さんは、理容師さんが２人以上いることが多く、だとすると結論が変わるかもしれませんが……。

この種の問題を扱う理論は「待ち行列の理論」と呼ばれており、応用数学の一分野を形成しています。

待ち行列の理論の最も基本的な応用は、平均待ち時間を求めることです。詳しい説明は後ほどするとして、最初から「平均待ち時間の公式」をご紹介してしまいましょう。非常にシンプルな公式ですので。

というのも、公式で使われるのは「稼《か》働《どう》率《りつ》」だけなのです。稼働率とは、スーパーマーケットのレジの場合で言えば、「レジの担当者が一定の時間にさばくことができる会計処理の回数と、その一定の時間にレジに並ぶお客さんの数の比」です。行列に並んでいる人数も大事ですが、仕事をさばく人の処理の回数もやはり重要なのですね。

一例として、レジ担当者が10分間に最大10回の会計処理ができ、10分間でレジに８人のお客さんが並ぶとしましょう。この場合、稼働率は、

$$\text{稼働率} = \frac{8}{10} = 0.8$$

になります。

稼働率は、言ってみれば「レジ担当者がどのくらい忙しいか」ということを表しています。稼働率が１なら担当

者は猛烈に忙しく、いっぱいいっぱいの状態で、待ち行列はちっとも短くなりません。さらに稼働率が1よりも大きくなると、レジの処理能力の限界を超えて、お客さんが常にレジに並んでいることになります。お客さんはその後も延々と並び続け、行列もどんどん長くなっていく、という状態ですね。逆に、稼働率が小さいとき、担当者は暇です。

そこで理論の前提として、稼働率は1よりも小さいと仮定します。この場合、今は忙しいとしても、いつかは列が短くなっていくはずです。待ち行列の理論によれば、稼働率が1よりも小さいとき、

$$\text{平均待ち時間} = \frac{\text{稼働率}}{1 - \text{稼働率}} \times 1\text{人あたりの会計時間}$$

になります。稼働率が0.8のとき、会計に1人あたり1分かかるとすると、平均の待ち時間は、

$$\frac{0.8}{1 - 0.8} \times 1\text{分} = 4\text{分}$$

です。稼働率を横軸に、縦軸に平均待ち時間（1人あたりの時間の何倍か）を取ってグラフを描くと、**図44**のようになります。

稼働率が1に近づくと、急激に待ち時間が増えてしまうことがわかりますね。逆に、稼働率が下がったとき、待ち時間は想像以上に減ります。先ほどの例（稼働率が0.8）で言えば、平均待ち時間は4分ですが、稼働率を半

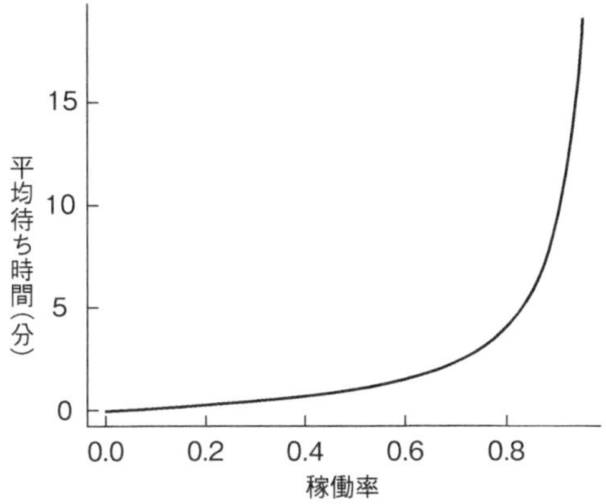

図44　平均待ち時間と稼働率の関係

分の0.4にすると、$\frac{2}{3}$分（約0.67分）になります。稼働率を半分にしただけで、待ち時間は6分の1になるのです。お客さんの立場から見ると、レジが暇になるということの効果は絶大なのです。

皆さんにも、こんな経験はありませんか。コンビニエンスストアやスーパーで会計をしたいとき、レジが1つしか開いていないと、しばらくの間待つことがあります。しかし、手が空いた店員さんがもう1ヵ所のレジを開けると、列はみるみる短くなり、あっという間に会計が終わります。レジが2ヵ所になっただけですから、直感的には待ち時間は半分になるだけのように思われますが、実際の待ち時間はもっと減るのです。

お客さんは固まってやってくる？

この不思議な現象は、数学的に解明されています。この公式を導くためには、お客さんの到着の仕方にちょっとした制限をつけます。制限といっても、理論を正当化するためのおかしな制限ではなく、たんに「お客さんは、互いに無関係にレジに並ぶ」ということです。なぜなら、「お客さんがほぼ3分おきにレジに並ぶ」というようなことは非常に稀ですから。なにしろお客さんは気まぐれで、並ぶのかなと思ったら、お醤油を買うのを忘れたことに気づいて調味料コーナーに戻ったりします。バラバラに並ぶわけです。

このとき、どんなふうにお客さんがレジに並ぶかを調べるため、50人のお客さんがまったく無関係にレジに並ぶ場合をシミュレーションしてみると、**図45**のようになります。

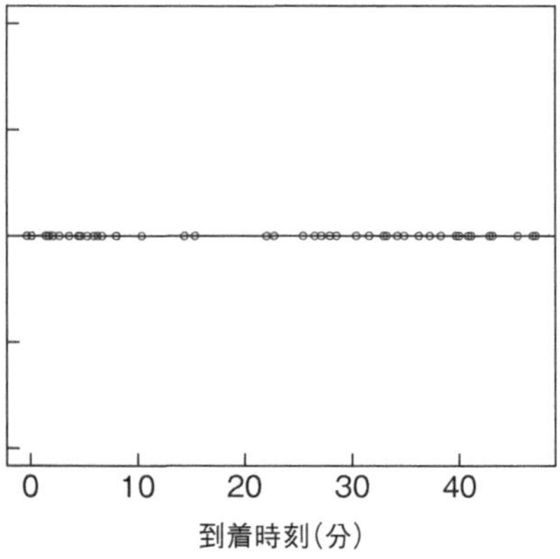

図45　50人のお客さんの到着時刻

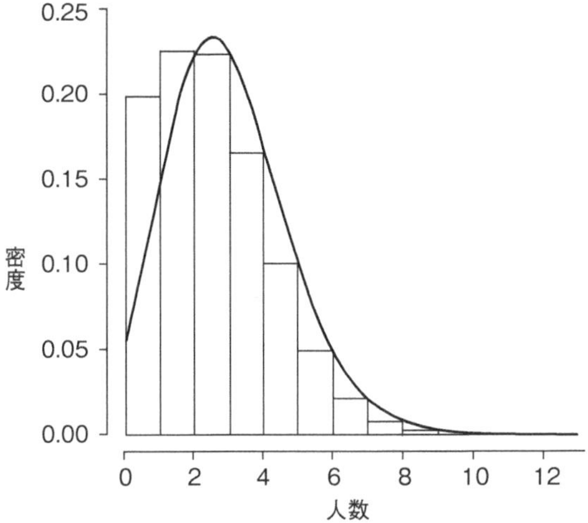

図46　到着人数のヒストグラム

小さな丸は、お客さんがレジに並ぶ時刻を表しています。眺めてみて、どう思われますか？

丸が固まっているところと、全然丸がないところがありますね。やけに連続してお客さんが来ることもあれば、しばらくの間、誰も来ないということもあるわけです。

そこで、一定の時間（30分や1時間など）で区切って、何人到着するかを記録していくと、**図46**のようなヒストグラムができます。

このヒストグラムでは、横軸に到着人数、縦軸にその到着人数だった割合がとられています。たとえば、10分間にレジに並ぶお客さんを数え、1人だった割合が20％、というように読みます。このデータでは、平均2.9994人となっています。

重ねて描かれている曲線は、この平均に対応する理論値です。本来なら人数は2.3人などといった中途半端な値にはならず折れ線グラフになるはずですが、視覚的に見やすくするために滑らかにつないであります。

この分布は、じつは「稀に起きる現象が、一定の期間に何回起きるか」を記録すると普遍的に出現する、不思議な分布なのです。発見者である数学者シメオン・ドニ・ポアソンの名前を取って、「ポアソン分布」と呼ばれています。お客さんが相互にまったく無関係に到着するとき、その人数分布は必ずポアソン分布になるのです。

ポアソン分布にしたがって到着することを、「ポアソン到着」と言います。ポアソン到着する事象は、「固まって起きやすい」という性質があります。それは実際にどんな感じなのか、「あるお客さんが到着してから、次のお客さんが到着するまでの間隔」を見てみましょう。**図47**の例は、平均間隔が0.3332085分のものです。

固まって起きやすいということは、間隔が狭いほうが起きやすいということですので、間隔が0に近いあたりがいちばん高くなっていますね。間隔が広がるにつれ、急激に棒グラフの高さが低くなっています。「互いに無関係な現象が固まって起きやすい」ことがよく分かります。この分布は、「指数分布」と呼ばれています。

次に、レジが1つのときだけでなく、2つ、3つと増えた場合にどうなるか考えてみましょう。**図48**は、レジが1つ、2つ、3つのときの待ち時間を示したものです。

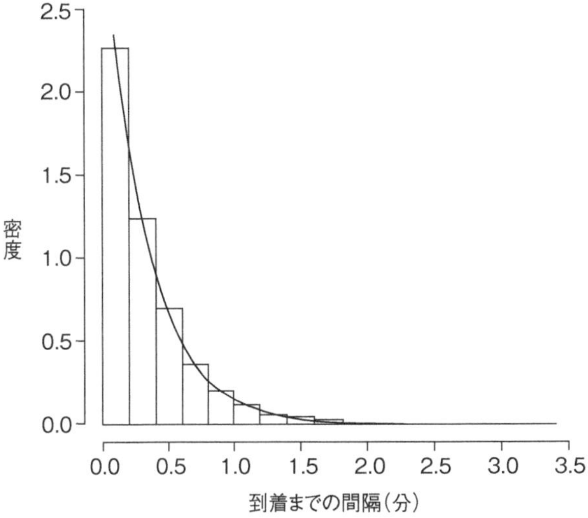

図47　間隔分布

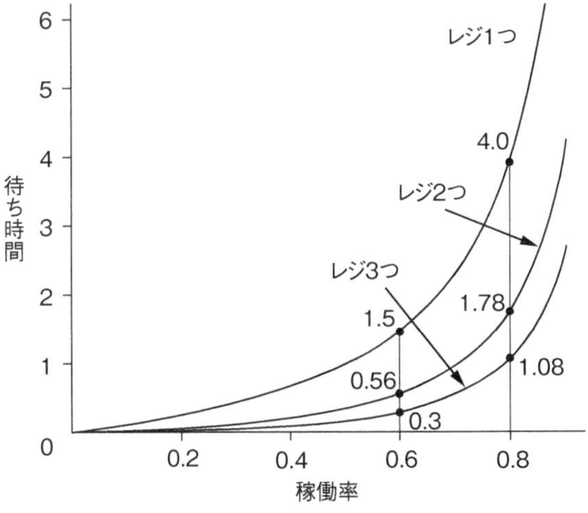

図 48　レジを増やした場合

横軸が稼働率で、縦軸が待ち時間です。待ち時間は1人あたりの待ち時間を単位にしたもので、「会計に1人あたり1分かかる」という設定になっています。稼働率が0.8のとき、レジが1つだと待ち時間は1人あたりの待ち時間の4倍、レジを2つにした場合は1.78倍、3つにした場合は1.08倍になることが分かりますね。2つにした場合の待ち時間は44.5%で半分未満になり、3つにした場合は、4分の1近くになります。稼働率がもう少し下がった場合、待ち時間はさらに短縮されます。稼働率が0.6のとき、レジが1つだと平均待ち時間は1.5倍ですが、レジを2つに増やすと一気に0.56倍にまで下がり、3つにすると0.3倍にまで下がります。3つの場合だと、待ち時間は3分の1どころか、5分の1にもなります。

驚くべき改善効果です。稼働率が0.5のときは、数字がきれいなので書いておくと、レジ1つなら平均待ち時間はちょうど1、2つなら$\frac{1}{3}$、3つなら$\frac{1}{7}$にもなります。

逆に言えば、レジを減らすと、お客さんの待ち時間への影響は非常に大きいことが分かります。稼働率が0.5の場合、今まで2つだったレジを1つにすると、お客さんの待ち時間は3倍にもなってしまいます。人件費削減のためにレジを減らしすぎれば、稼働率が1を超えて、待ちきれないお客さんが帰ってしまう……などという事態が起こるかもしれません。

待ち時間発生の真相

なぜこんなに待ち時間が変わるのでしょうか。それを探

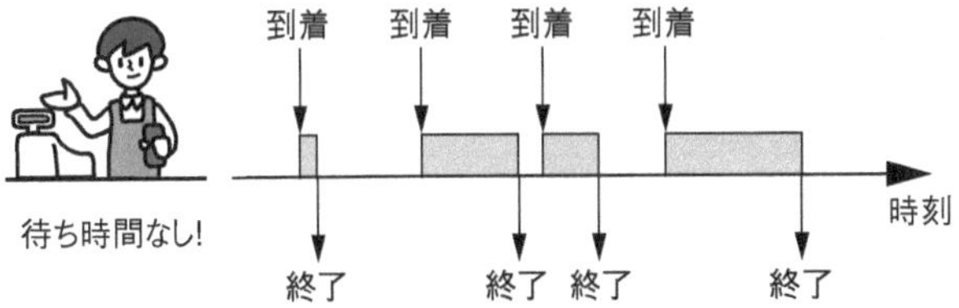

図49　待ち時間がない場合

るため、あえて極端な例で考えてみましょう。

まず、**図49**のように、お客さんが間を空けて到着する場合は、待ち時間ゼロです。

しかし、図45で見たように、お客さんが互いに無関係に到着する（ポアソン到着する）場合、お客さんは固まってレジに並びやすくなります。つまり、**図50**のように、「カタマリが発生してしまう」わけです。これこそが、待ち時間が発生する原因です。

そこで、カタマリが発生したレジへ、助っ人の店員さんが1人登場します。すると、お客さんは二手に分かれます。つまり、レジが2つになったら、カタマリが分割されるのです。図50の例では、カタマリが分割・消滅したことによって、待ち時間が半分どころか、ゼロになっていますね。

このように待ち時間がゼロになるのは極端な例ですが、少なくともレジが増えることでカタマリが小さくなり、待ち時間が半分以下に減るというメカニズムを見ることができます。

「固まって起きる」「しばらくの間起きない」という性質

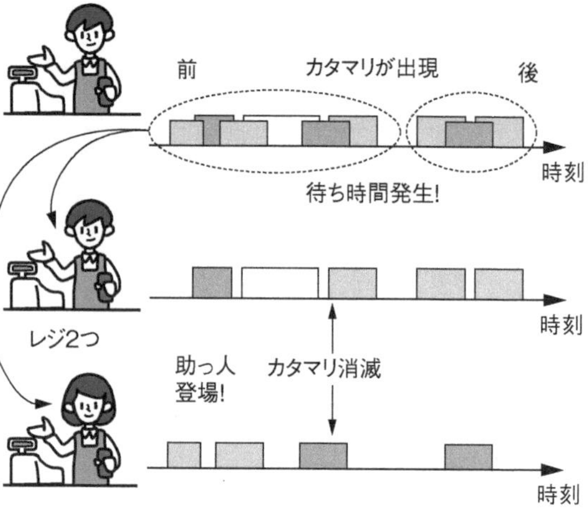

図50　助っ人登場で混雑解消！

は、非常に重要です。じつは、航空機事故や交通事故などを含め、私たちの身の回りのさまざまな現象にも現れているからです。

随筆家としても有名な物理学者、寺田寅彦は、「天災は忘れた頃にやってくる」という言葉を遺しました。読者の皆さんはもうお分かりのとおり、この言葉はポアソン分布という数学的根拠に基づいた言葉なのであって、単なる道徳的な標語ではないのです。

アークサイン法則

9月8日

映画「ショーシャンクの空に」を観た。とにかく爽快な作品だ。「大勝負で一発当てれば、大逆転できる」ことがよく分かる。

たとえ負けが込んでも、一度大成功すれば挽回できるのだ。考えてみれば、仕事や会社もそうなのではないだろうか？　ジリ貧だった企業が、起死回生を賭けた戦いに勝ち、押しも押されもせぬ大企業に発展した例など、枚挙にいとまがないほどだ。

■ 一発逆転の可能性

「ショーシャンクの空に」のような一発逆転のストーリーは、人を勇気づけてくれますね。私も大好きな映画です。

とはいえ、実際のところ、こうした大逆転劇はどのくらいの確率で起こりえるものなのでしょうか。それを知るために、確率論において欠かすことのできない「乱数」についてお話ししておきたいと思います。

まず、コインを投げて表が出たら1、裏が出たら0として、0と1の列を作ってみましょう。やってみると、こんな感じになります。

1010011011001010100110011110010
01000101111000011

0と1が出る比率は、ちょうど半々です。さらに「『それまでの0と1の並び』と、『次に0と1、どちらになるか』の間には、何の関係もない」という状態になっています。こうした乱数を「理想の乱数」と言います。

乱数という概念は、とても数学的です。というのは、「理想的な＝あるべき乱数の姿」があらかじめ決まっているからです。

1990年代終わりから2000年代の初め頃、私は企業で、ICカードや携帯電話のSIMなどの暗号技術の研究開発の部署に所属していました。そこで設計していたもののひとつが、「**質のよい真性乱数発生装置**」でした。なぜ乱数発生装置を作っていたのかというと、暗号技術では認証のために乱数が必要で、高速に品質の高い乱数を作ることによって、認証の安全性も高くなるからです。
「乱数発生装置」とは、文字どおり0と1の乱数の列を作り出す装置です。非常に大ざっぱに言うと、バッティングセンターにあるピッチングマシンのようなイメージでしょうか。ただし、投げるのはボールではなく、0と1という数字です。

また「真性」の乱数というのは、抵抗の両端の電圧や、クロックの微妙なゆらぎを利用して作られます。たとえば、抵抗の両端の電圧があらかじめ定めた基準値以上なら1、基準値未満なら0というようにして、ランダムな0と1の列を作るわけです[25]。

通常、コンピュータで使われている乱数は、「擬似乱数」と呼ばれます。擬似乱数は、本物の乱数に見える数字の列を「一定の規則にしたがって」作ったものです。擬似乱数は、擬似＝ニセモノだけに、いったん規則が明らかになってしまえば、次に0が来るか1が来るかが分かってしまいます[26]。しかし本来なら、テストするためには、次にどんなボールが来るのか予想できないようにしておく必要があるはずです。

真性乱数発生装置は、その解決策のひとつなのです。「自然のゆらぎは規則が分からないので、予測できない」というところが長所です。

さて、乱数の「質がよい」とはどういうことでしょうか。乱数の善し悪しを判断するためには、具体的には2つのチェックポイントがあります。

ひとつは、0と1が半々に出てくるということ。これを

「一様性」といいます。実際に真性乱数発生装置を作ってみて、出力の0と1を数え、半々に近いかどうかで一様性を調べます。

もうひとつは、出力の「独立性」です。0の後に1が出やすいとか、1の後は010という数字が続くことが多い、というようなパターンがあると、乱数としてあまり質のよいものとはみなされません。

さて、この一様性と独立性を調べるためには、さまざまなテストがあります。そのひとつがランダムウォークテストです。ランダムウォークというのは、酔っ払いの足取りのようなもので、最もシンプルなものは、直線上をふらふらと動く点として記述されます。たとえばこんなふうに(図51)。

たしかに、酔っ払いの歩みという感じがする軌跡です

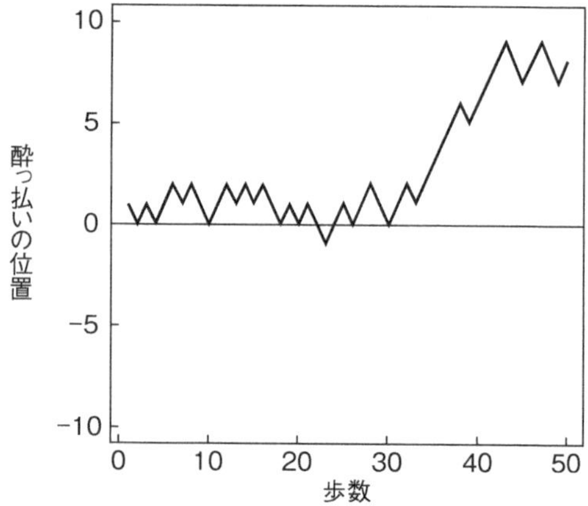

図51　ランダムウォーク

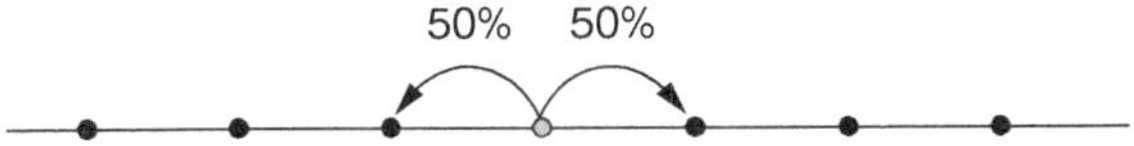

図52　ランダムウォーク

が、実際にランダムウォークは「酔《すい》歩《ほ》」「乱《らん》歩《ぽ》」とも呼ばれています。

さて、このランダムウォークを使って、乱数のテストをしてみたいと思います。真性乱数発生装置から出力された0と1の並びにしたがって、点を数直線の上でランダムウォークさせ、その軌跡を観察するわけです（**図52**）。

「1が出たら右（プラス）」「0なら左（マイナス）」というふうにして、コマを進めていくことにしましょう。もし「一様な乱数」であれば、ちょうど50%の確率で右、50%の確率で左に進むことになります。また、「独立な乱数」であれば、「右へ行った後は左に戻る確率が高くなる」というように、「それまでの動きが次の動きに影響すること」は起こらないはずです。その軌跡が、理想的なランダムウォークの持つ性質をどのくらい満たしているかを調べれば、乱数発生装置の出力の01列の質が分かるだろう、というわけです。

正しい酔っ払いの足取り

実際の出力結果に基づいてランダムウォークをさせてみると、結果は、およそ**図53**、**図54**のようになりました。

横軸が乱数を発生させた回数（時間だと思ってかまいません）、縦軸が点の位置です。どちらの結果も、プラスか

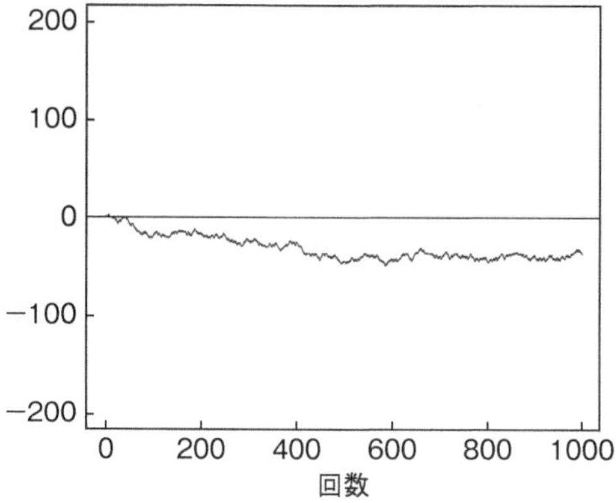

図53　1000個の乱数をもとにしたランダムウォーク(1)

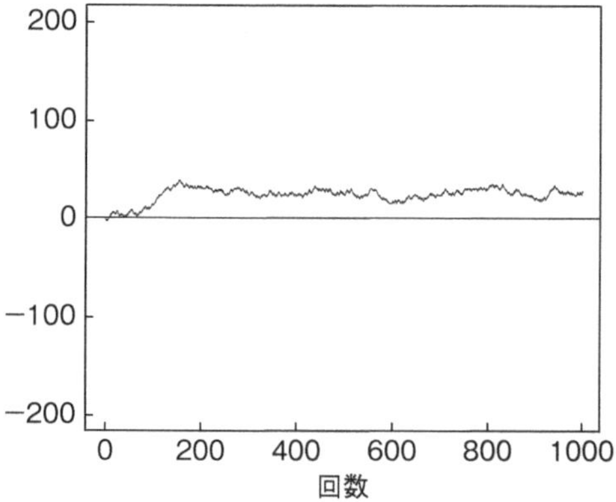

図54　1000個の乱数をもとにしたランダムウォーク(2)

マイナスに少し偏っています。私が会社で、同僚にこの結果を示したところ、「これは、0と1の比率が偏っているということですよね」という評価でした。理想のランダム

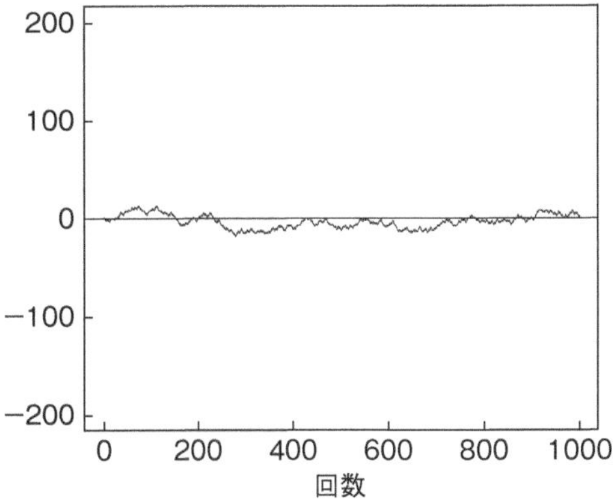

図55　理想の(?)ランダムウォーク

ウォークは、**図55**のような感じで、繰り返し0を横切るべきなのではないか、と言うのです。

皆さんはどう思われますか？　理想的なランダムウォークは、図55のような感じにならないといけないでしょうか。

このことを確かめるために、点が数直線の上を移動しているとき、プラスの側にいる時間がどのくらいになるかを調べてみましょう。点を1000回ランダムウォークさせたものについて、点がプラスの側にある時間の長さを記録する、というシミュレーションを1000回実行して、その分布を表しました（**図56**）。

0に近いほうは、ほとんどの時間がマイナス側だったことを示し、1000に近いほうは、ほとんどの時間プラス側にいたことを表しています。500近辺は、プラス側にいた

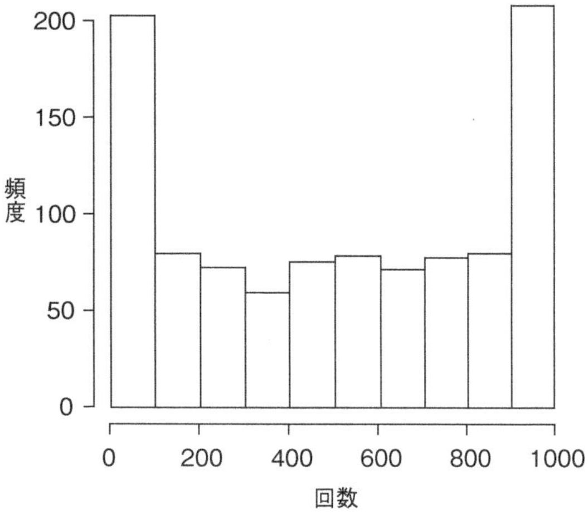

図56　プラスの側にいる回数のヒストグラム

時間とマイナス側にいた時間が同じくらいだった場合です。図56を見ると、プラスの側にいる時間の分布は、両端が非常に多くなっていますね。

じつはこれは、アークサイン法則（逆正弦法則）と呼ばれています。数学的に証明することができる事実なのです。

理論的には、ヒストグラムは**図57**の曲線に近いものになります。さらに、縦軸と横軸を縮尺して、シミュレーションの結果を重ねてみても、理論とシミュレーション結果はよく一致しています。両端が非常に大きくなっていますね。

数学的には、図53、図54のように片側に長時間いることのほうが多く、図55のように、ちょくちょく0を横切

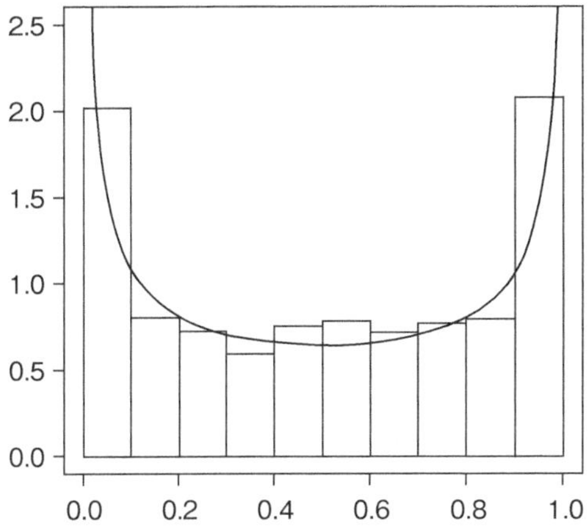

図57　アークサイン法則

ることは稀なのです。つまり、私が作った真性乱数発生装置は、じつはうまく機能していた、ということになります。出力された0と1もほぼ半々で、質の良い乱数だったのでした。

この直感に反する定理、アークサイン法則を証明したのは、ポール・レヴィという数学者です。論文が発表されたのは、1940年のことでした。彼の天才的なアイディアを辿ってみましょう。

ランダムウォークしている点が、偶然プラスの側、たとえばプラス10の位置に移動したとします。これをゲームに見立てると、勝った回数が負けた回数より10回多いことになります。さらにゲームの回数を増やしていくと、どこかで偶然勝ちが続いたり、負けが込んだりすることがあります。

このとき、0を横切り、マイナスの側に移動するためには、0が10回連続で出る（マイナスの方向に10回進む）必要があります。しかし、そのような確率は、本来はとても低く、$\left(\frac{1}{2}\right)^{10}=0.0009765625$（0.1%に満たない）しかありません。ふつうは10回のうち5回くらいは1が出て、プラスの方向に戻ってしまいます。そうなると、マイナスの側にはなかなか行けないということになってしまうのです。

ゲームに負けている側から見ると、一度リードを許してしまったら、リードをし返すのはとても難しい、ということになります。

アークサイン法則にしたがって計算してみると、ゲームをしたとき、リードしている時間が全体の9割以上ある確率は20.5%もあります。リードしている側は、実力でそうなっているように感じられるかもしれませんが、実力が拮抗している（勝ち負けが半々）としても、長い時間リードし続けることは、少しも珍しいことではないのです。

逆に言うと、頑張ってリードを続ければ（勝ちの貯金をためておけば）、リードを奪われる可能性はとても小さいと言うことができます。

最初に負けると後まで影響してなかなか逆転できない、というアークサイン法則。厳しい話ですが、数学的にはこれが真実なのです。

ビュフォンの針

9月15日

新しい数学の問題集を買ってきた。数学が趣味の私としては、あれこれ頭をひねるのが楽しい。最初の問題は――

問題：多数の平行線を引き、そこに針を落としたとき、どれかの線と針が交差する確率はいくつか。

よく分からないが、とりあえずノートに針を落としてみよう。

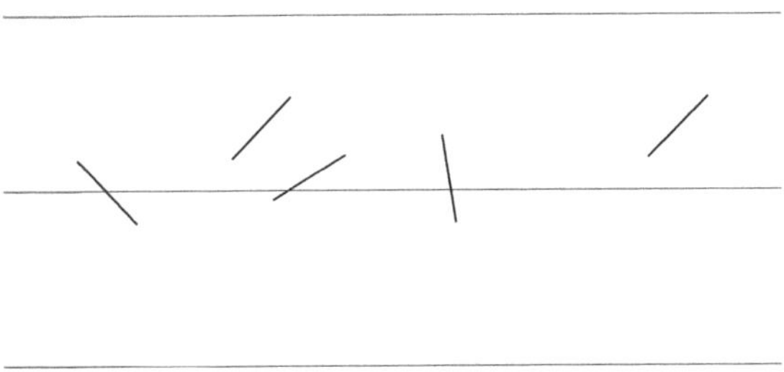

これを見るかぎり、5分の3の確率だが。こんなことをわざわざ問題にするのも、何だか妙な気がする。

■ 偶然とモンテカルロ

大人向けの数学問題集には、確率の問題が載っていることが非常に多くなっています。確率の分野は作問しやすいからだろう、と著者の立場で想像したりしますが、この問題に関しては話が別です。

これは確率の問題のように見えますが、そうではありません。じつは、幾何学が関係しているのです。

「ダーツの跡」で、大数の法則のグラフを見ました。偶然に起きることも、たくさんの回数行うと本当の値に近づいていく、というのが大数の法則です。この性質を利用した計算方法を「モンテカルロ法」といいます。

モンテカルロは、モナコにある4つの地区の名前のひとつで、カジノで有名ですね。モンテカルロ法は偶然を利用して計算する方法です。一種の賭け事のようなものなので、この名前がついたのでしょう。

たとえば、このモンテカルロ法を利用して、円の面積を計算することができます。

図58は、一辺が2の正方形の中に、10000個の点を落としたものです。10000個の点は、計算機を使ってランダムに落としました。その上で、正方形に内接する半径1(直径2)の円の中に落ちた点だけが、黒い点で表されています。

このとき、半径1の円の面積はちょうどπになり、外側の正方形の面積は$2\times2=4$になります。だとすると、円の中に点が落ちる確率は、$\frac{\pi}{4}$になるはずです。

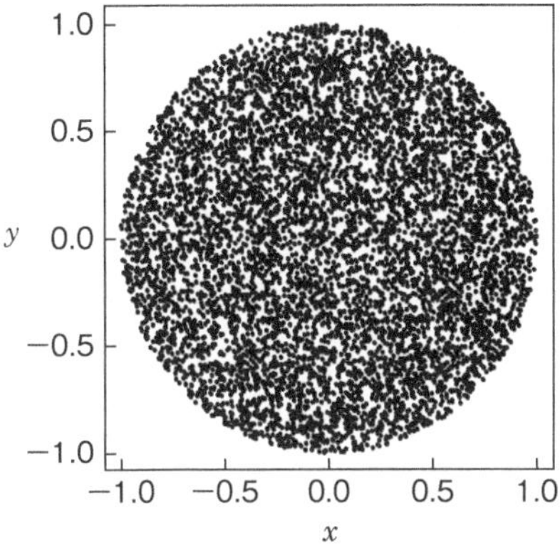

図58　モンテカルロ法で円の面積を計算する

円の中にある点の個数を実際に数えてみると、7819個あります。ということは、比率は、$\frac{7819}{10000}=0.7819$となります。$\frac{\pi}{4}=0.7853981\cdots\cdots$に近い値ですね。小数点以下第2位まで合っています。この例では点の数が10000個ですが、もっと点を増やしていけば、その確率は限りなく$\frac{\pi}{4}$に近づいていきます。これがモンテカルロ法の考え方です。

さて、モンテカルロ法のルーツのひとつとして、もう少し高度な問題がありますが、それが冒頭に出てきた問題なのです。18世紀に、博物学者、数学者、植物学者のジョルジュ＝ルイ・ルクレール・ド・ビュフォンが提示しました。

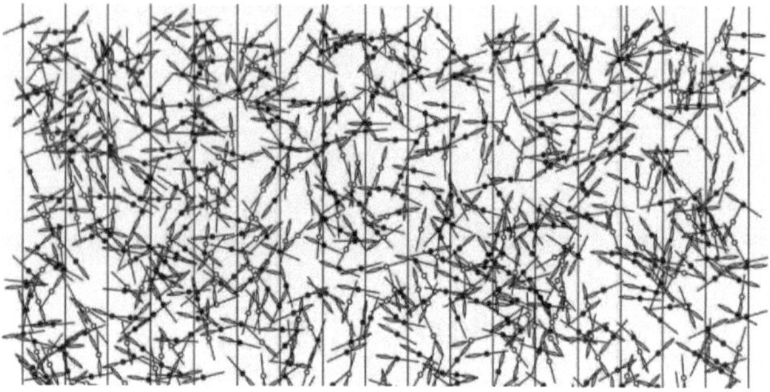

図59　針を投げたときの針の配置の例
(http://www.smac.lps.ens.fr/index.php/Program:Direct_needle から引用)

> 多数の平行線を引き、そこに針を落としたとき、どれかの線と針が交差する確率はいくつか。

これは、「ビュフォンの針の問題」と呼ばれています。

実際に針を落としてみると、**図59**のようになるでしょう。それはよいとして、問題なのは、「針を何度も投げたとき、線と交わった回数を数えるにはどうすればよいか」ということです。

ビュフォンの時代にコンピュータはなかったので、モンテカルロ法を実践するためには、まさしく針を投げていました。数学者が針を投げては記録する——なんだか微笑ましい光景ですね。

さて、針が線と交わる確率は、針の長さと線の間隔で決まります。なぜなら、針の長さと比べて線と線の間隔が狭ければ狭いほど、針が線と交わる確率は大きくなるはずだ

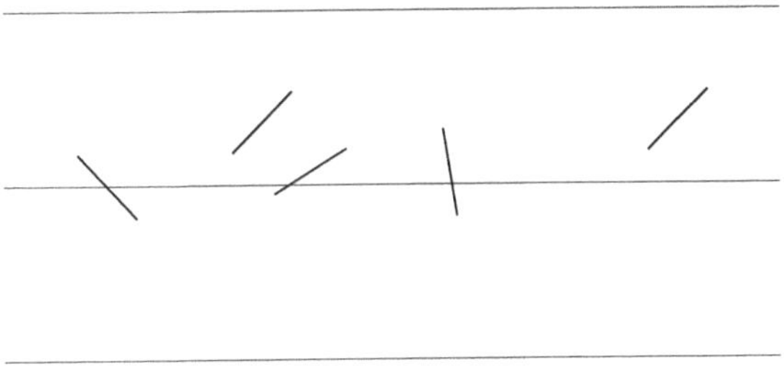

図60　4cm間隔の線の並びに長さ2cmの針を落とす

からです。逆に、針の長さと比べて線と線の間隔が広くなるにつれ、交わる確率は小さくなるでしょう。

ビュフォンのオリジナル問題では、「針の長さは、線と線の間隔のちょうど半分」という設定になっていました。ここでは仮に、「線と線の間隔は4 cm、針の長さは2 cm」としましょう（図60）。

針の長さは、線と線の間隔の半分しかありません。ですから、針が線と交わるとしても、そのうちの最も近い1本と交わるだけです。

シミュレーションで、どんなふうになるか様子を見てみましょう[27]。20000本の針を落とすシミュレーションを実行してみます（図61）。その結果、針は6368回平行線と交わりました。つまり針が平行線に交わる確率は、$\frac{6368}{20000} = 0.3184$ というわけです。

言い換えれば、$\frac{1}{0.3184} = 3.140703\cdots\cdots$ 本に1回の割合で、針が平行線と交わるということなのですね。

3.140703本に1回。どこかで見覚えのある数字ではありませんか？

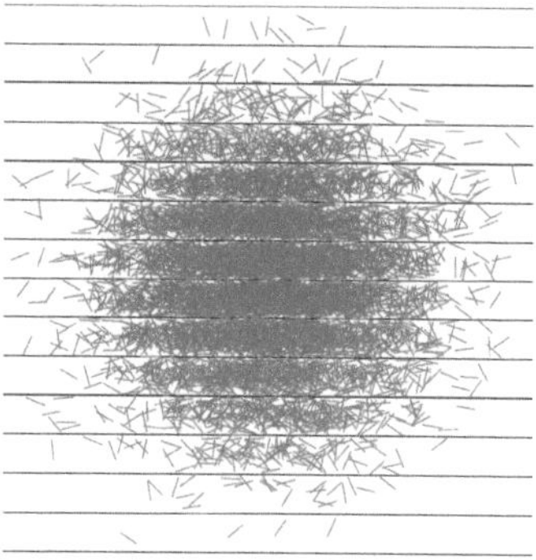

図61　20000回針を落とすシミュレーション

そう、じつはこれは、円周率πなのです。

奇妙な話ですね。最初のモンテカルロ法の例は円の面積ですから、πが出てくるのは当たり前です。しかし、ビュフォンの針の問題では円はどこにもないのです。

どういうことなのでしょうか。これに関して、最初から全体像をつかむのは困難です。まずは基本的な例を考えて、少しずつ理解していきましょう。

■ 針と円をつなぐもの

まず、「平行線に対して、針がちょうど30度傾いている」とします。そのときの交わり方はどうなるでしょうか？　針と線は、**図62**と**図63**のようになりそうですね。「平行線に対して、針がちょうど30度傾いている」という状態は、三角定規と同じです。ということは、高さ：斜辺：底辺が、$1:2:\sqrt{3}$の比率になるはずですね。

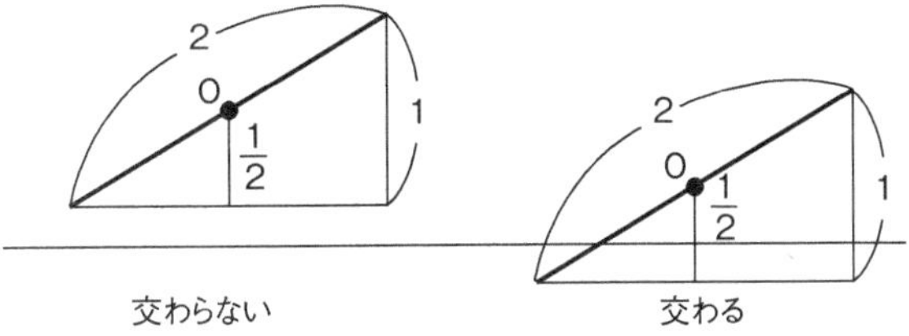

図62　交わる場合と交わらない場合(1)

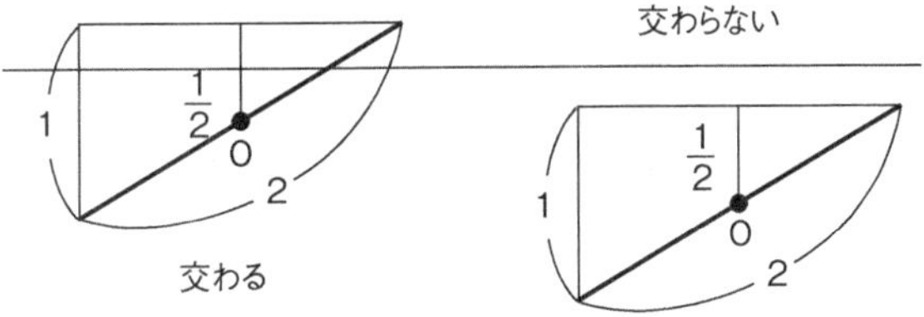

図63　交わる場合と交わらない場合(2)

ここで、針の中心をOとしてみましょう。この場合、針が線と交わる条件は、「Oと最も近い線までの距離が$\frac{1}{2}$=0.5 cm（5 mm）よりも近いこと」になります。

針の角度が30度のときの条件は、これで分かりました。この条件を活用して、針の中心Oの位置や針の角度についてもっと一般化すれば、問題が解けるはずです。しかし、Oの位置と針の角度について、一度に考えるのは難しいですね。そこで、「①Oの位置」と「②針の角度」の2つに分解して考えることにします。

まず、「①Oの位置」からはじめましょう。Oがどこにあっても、Oに近いほうの線と交わるかどうかは、「Oか

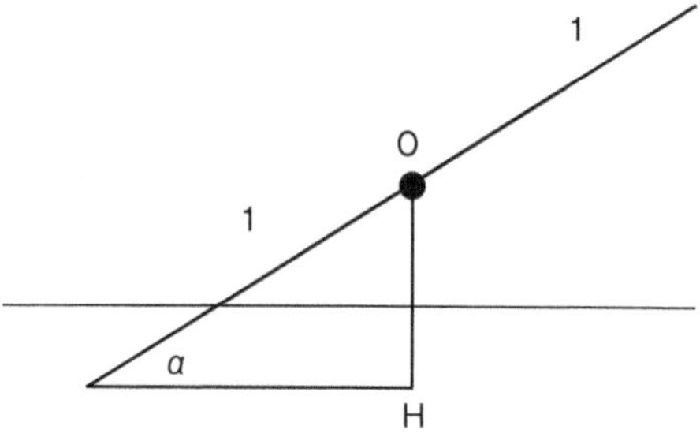

図64　線と交わるための条件

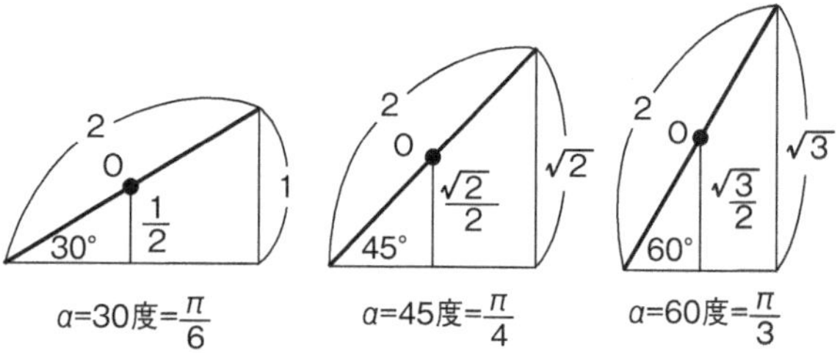

図65　角度とOHの関係

ら線までの距離が、OHよりも短いか長いか」で決まるはずです（**図64**）。

次に、「②針の角度」を考えます。針と平行線のなす角をαとしましょう。αを変えると、それにつれてOHの長さも変わります。**図65**は、αが30度、45度、60度の場合のOHの長さです。

それぞれ、$\frac{1}{2}=0.5$, $\frac{\sqrt{2}}{2}=0.7071067\cdots\cdots$, $\frac{\sqrt{3}}{2}=0.8660254\cdots\cdots$となっています。

ここで、角度を横軸に、OHの長さを縦軸にとってグラ

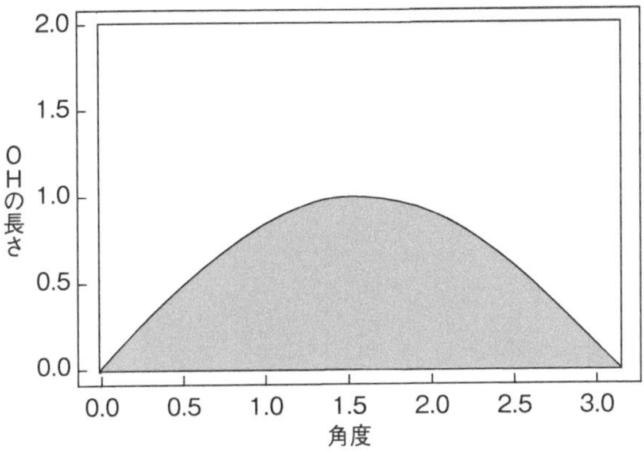

図66　針が平行線と交わる条件を満たす部分

フを描くと、**図 66** のようになります。

横軸の角度は、ラジアン単位になっています。ラジアン単位というのは、角度を半径 1 の円の弧の長さで測るもので、360 度のとき、円周の長さ = 2π になります。O と線までの距離が OH の長さより短いところは、図 66 の灰色の部分になります。

さらに、針の配置を角度 α（横軸）と O と最も近い平行線との距離（縦軸）で表してみましょう。

図 67 では、角度が 45 度（$\frac{\pi}{4}$）のときと 22.5 度（$\frac{\pi}{8}$）の場合に、平行線からの距離が 0.5 のときと、1 のときを図示しました。同じ 45 度でも、平行線からの距離が 0.5 のときは平行線と交わるので点は灰色の部分に落ちており、距離が 1 のときは交わらないので白い部分に点があることになります。平行線との距離が 0.5 のときでも、角

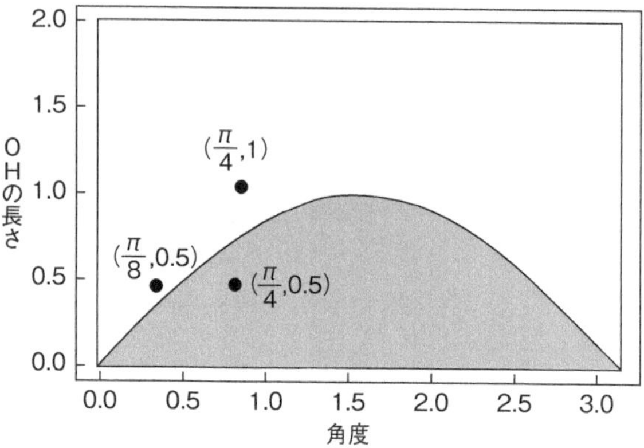

図67　針の角度と平行線からの距離

度が45度のときは平行線と交わるので灰色の部分に点がありますが、角度が22.5度のときは交わらないので白い部分に点が落ちることになります。

いずれにしても針の配置は、図67の長方形のどこかに来るはずです。この長方形の面積は横の長さがπ、縦の長さが2なので、2π になります。

ここでπが出てきましたね。「長方形の中で、灰色の部分の面積の占める割合」が、針が平行線と交わる確率だということになります。

残りは、灰色部分の面積の計算です。積分する必要がありますが、そう難しくはありません。答えは2です。結果、$\frac{2}{2\pi}=\frac{1}{\pi}$という確率が求められました。ビュフォンの針の問題における確率は、$\frac{1}{\pi}$なのです。

灰色部分の面積も、モンテカルロ法でざっくり計算する

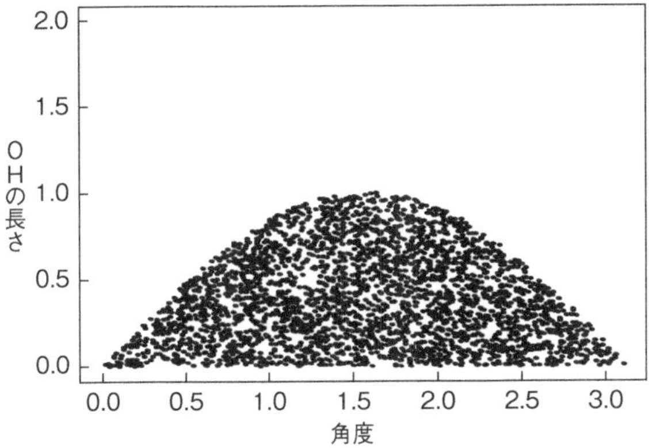

図68　灰色部分の面積をモンテカルロ法で計算する

ことができます（**図68**）。例によって、10000個の点を長方形の中に落として、灰色部分の点の個数を数えます。その結果、3209個になりました。ということは、割合は、$\frac{3209}{10000} = 0.3209$ です。この逆数は、3.116235……です。これもπに近い値ですね。

まっすぐな「平行線と針」を追いかけていたら、円周率が出てきました。一見不思議に思えますが、じつは「角度」という概念の中に、円周率が潜んでいたのです。

第3章 直感を裏切る図形

ふたと50ペンス

9月30日

数学の問題集を解くのが、毎日の習慣になっている。

問題：マンホールのふたはなぜ丸いのか。

答えは、ふたが落ちないため。

ものの形には必然がある。マンホールのふたは丸くなければならない。なぜなら、「幅が一定の形は円しかない」から。今日の問題は、私には簡単すぎたようだ。

落ちない形は円だけか

この「マンホールのふたはなぜ丸いか？」という問題は、マイクロソフト社の入社試験問題に出たとして話題になったので、ご存じの方もいらっしゃるかと思います。「転がしやすいから」「加工しやすいから」のような物理的要因は抜きにして考えると、答えは冒頭にもあったように、**ふたがマンホールの中に落ちてしまわないため**です。

試しに正方形にしてみると、**図69**のようになり、ふたがマンホールに落ちてしまいます。

この手のことについて、人は割にあっさりと納得する生き物で、これ以上問題を追究する奇矯な人はあまりいません。しかし、読者の皆さんにはぜひ考えていただきたいのです。「丸くないマンホールのふたは作れるか？」と。

頭の中に、いったん「丸ければOK」というスキームが入ってしまうと、そこから抜け出るのは意外と難しいかもしれません。

たとえば正方形の場合、なぜふたが落ちてしまうのでしょうか。その理由は、ふたを斜めにすると、正方形の辺の

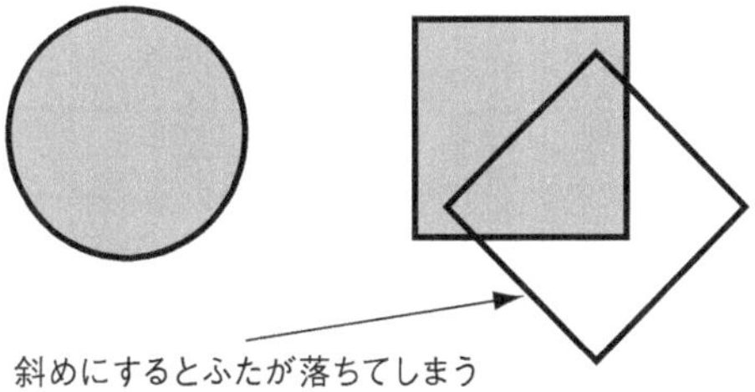

図69　正方形のマンホールは危険

長さが、穴の対角線の長さよりも短くなるからです。「正方形の対角線の長さは、正方形の一辺の長さよりも長い」ということですね。正方形の対角線の長さは、一辺の$\sqrt{2} = 1.41421356\cdots\cdots$倍ですから。

では、ふたを長方形にしてみたらどうでしょうか（図70）。

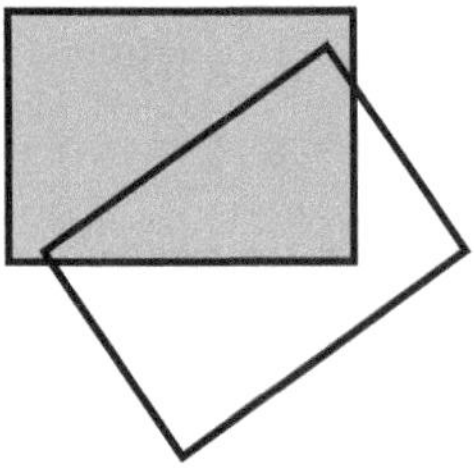

図70　長方形でも事情は同じ

ご覧のとおり、長方形にしても事情は変わりません。対角線の長さが、一辺の長さよりも長いのです。これは、どんな長方形で確認してもそうなります。

正三角形でも試してみましょう（図71）。

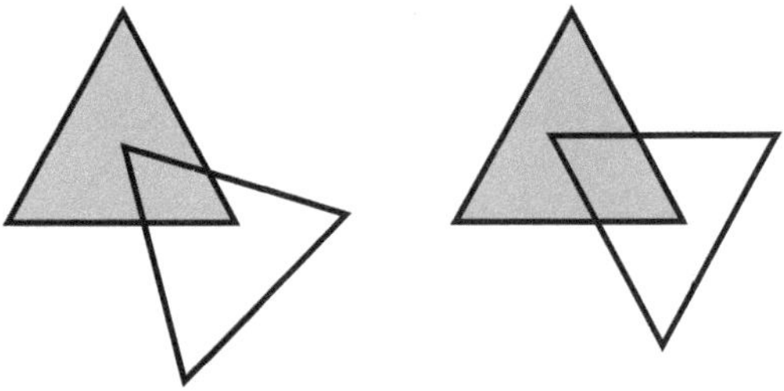

図71　正三角形のマンホール

正三角形の場合、最も長いのはその一辺なので、四角形のときとは状況が違うような気がしますね。しかし、ひとつの頂点から一辺に垂線を下ろすと、この長さ（高さと呼ぶことにしましょう）は一辺よりも短いわけです。

まだ完全な答えではありませんが、正解に近づいてきたような感じがします。正五角形の場合も考えてみましょう（**図72**）。正五角形の対角線の長さは、一辺の$\frac{1+\sqrt{5}}{2}=$ 1.618033……倍になっていますが、高さは$\frac{\sqrt{5+2\sqrt{5}}}{2}=$ 1.538841……倍で、対角線より短いですね。

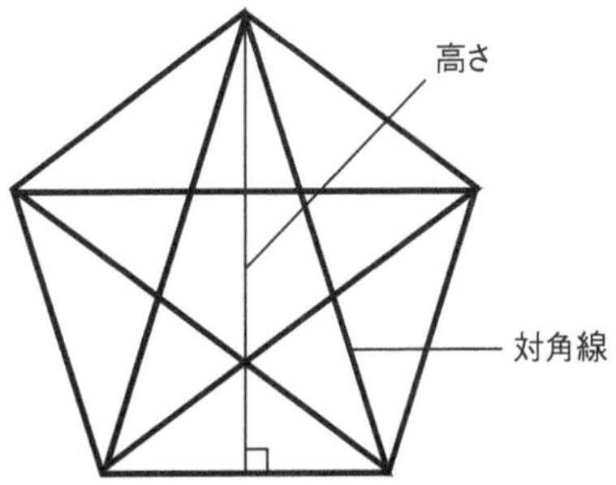

図72　正五角形

正三角形より少し分かりづらいですが、正五角形の場合も、高さが対角線より少しだけ短くなってしまい、やはりふたは落ちてしまいます。正七角形、正九角形……と辺の数を増やしていくとその差は縮んではいくものの、依然として対角線の長さのほうが高さよりも長いのです。

ルーローの多角形

では、正奇数角形をどう修正すればいいのでしょうか。問題は、高さが対角線よりも短いということですね。

まず、正三角形の場合を考えてみましょう。ひとつの頂点にコンパスの針を当て、残り２つの頂点をつなぐ扇型を描いてみましょう。こうすれば、高さも対角線（正三角形の場合、対角線は一辺と同じですが）と同じ長さになりますね。これを３つの頂点すべてに対して行うと、**図 73** のような丸っこい三角形ができます。このような図形は、ルーローの三角形と呼ばれています。三角形ですからもちろん円とは違うのですが、円と同じ性質も持っています。それは「幅が同じ」ということ（**図 74**）。数学の用語では、「等幅性《とうふくせい》」「定幅性《ていふくせい》」と呼ばれています。幅が一定なので、マンホールのふたにすることができるのです。

また同様に、正五角形、正七角形を丸っこく変形したものもあり、それぞれルーローの五角形、ルーローの七角形と呼ばれています（**図 75**）。

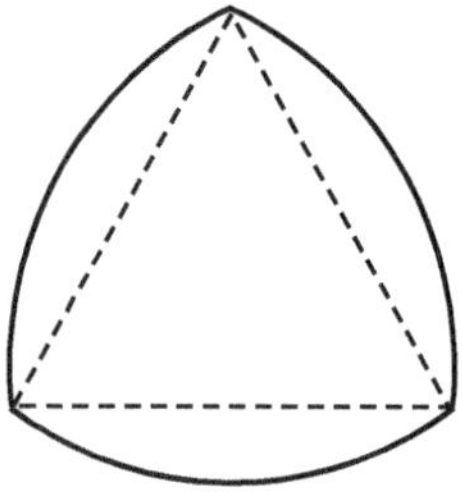

図73　ルーローの三角形

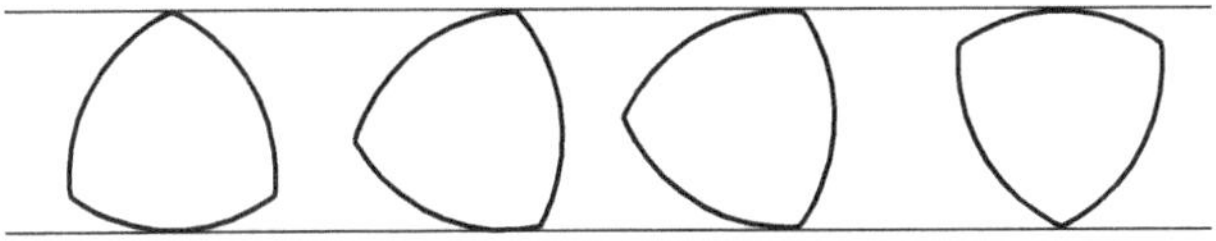

図74　ルーローの三角形の等幅性

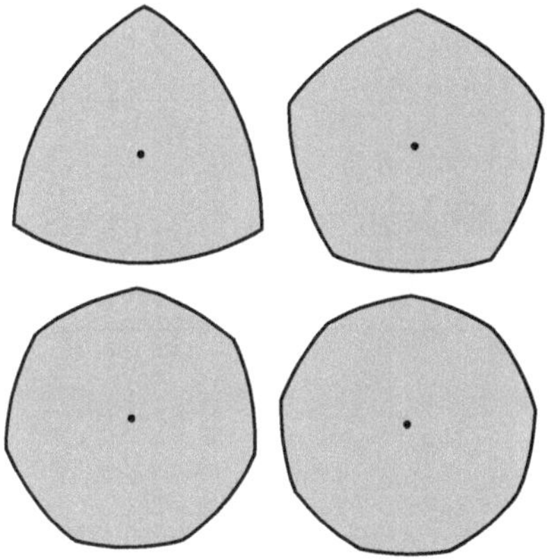

図75　ルーローの多角形

ルーローの多角形は、実在のものにも使われています。イギリスの20ペンス、50ペンス硬貨をご覧になったことがあるでしょうか。これらがじつは、ルーローの七角形になっているのです（図76）。

よく見ると、辺が微妙に丸まっていますね。ただの七角形で済ませないところに、大英帝国のプライドを感じさせます。

さて、一件落着と言いたいところですが、「辺を丸められるなら、角も丸めることはできないのか」という疑問が

図76　イギリスの50ペンス硬貨

湧いてくる人がいるかもしれません。

もちろん、できます。どうするかというと、たとえばルーローの三角形であれば、その周に中心を持つ円を考え、周に沿って動かせばよいのです（**図77**）。これも等幅曲線です。他のルーローの多角形でも、同様にして作ることができます。

なお、「幅が等しい」という性質の他にも、ルーローの多角形にはなかなか興味深い性質があります。ルーローの三角形の場合、その周の長さは、3× 一辺の長さ(幅)×

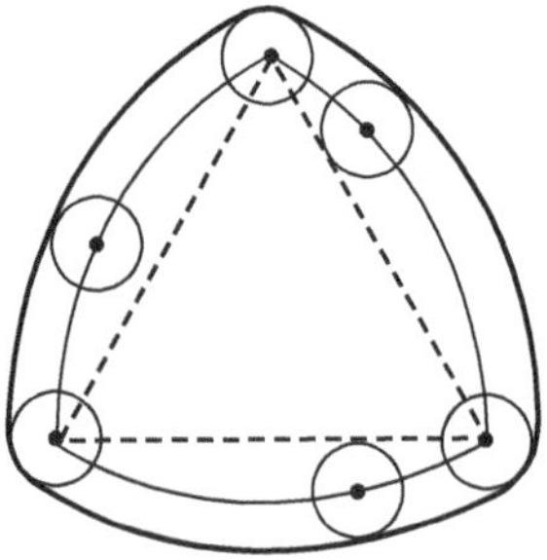

図77　ルーローの三角形を滑らかにする

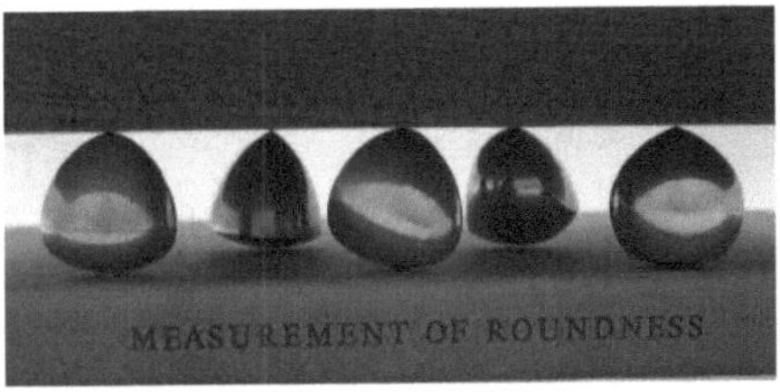

図78　ルーローの多角形(立体)の一例
("How round is your circle? : where engineering and mathematics meet" John Bryant and Chris Sangwin, Princeton University Press, 2008より)

$\frac{\pi}{3}$=幅×πです。これは、円周=直径(幅)×πという公式と同じ形になっています。角の数を増やしても結果は同じです。なぜなら周の長さは、

$$N(\text{角の数})\times\text{一辺の長さ(幅)}\times\frac{\pi}{N}=\text{幅}\times\pi$$

になるからです。

また、ルーローの多角形は立体化することもできます。等幅の曲面です。たとえば正四面体に対して、ルーローの三角形のときに円弧を描いたように球面の一部を描くことで、幅の等しい曲面を作ることができます(**図78**)。栗のようで、これまた可愛らしい形ですね。幅の等しい曲面は、じつは球面だけではないのです。

ルパート公の問題

10月8日

自由に発想できるのが数学の醍醐味だが……。

問題：この９つの点をすべて１回ずつ通るように、一筆書きで４本の直線を引け。

この問題、誤植ではないだろうか。4本の直線と言うけれど、どう見ても一筆書きはできない。どうしても点が余ってしまうからだ。一筆書きでなければ3本で十分だし、そのほうがベターだと思うのだが。

思い込みの罠

数学の問題を解くとき、自分の「思い込み」が思わぬ壁になっていることがあります。まずは、肩慣らしから始めてみましょう。

冒頭の問題は、**図 79** のように線を引けば、たしかに3本で十分ですが——。

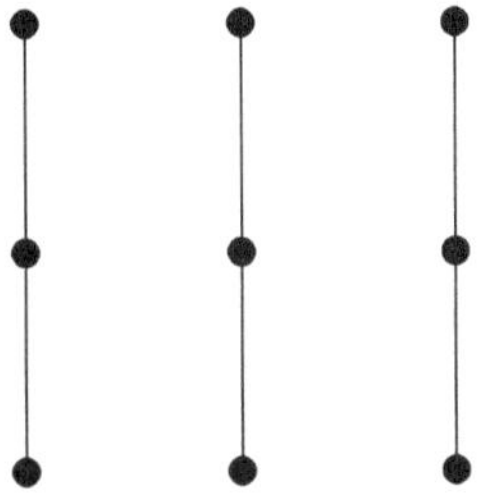

図79　3本で十分！

これは一筆書きではないですね。「ペンを紙から離すことなく9つの点を通るように、4本の直線を引くことができる」という問題であるわけです。

では、こちらはどうでしょう？（**図 80**）

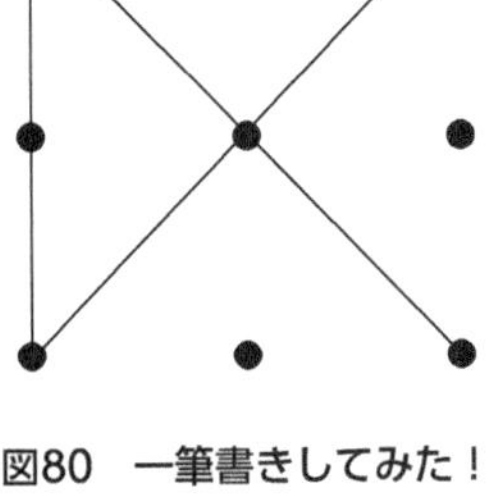

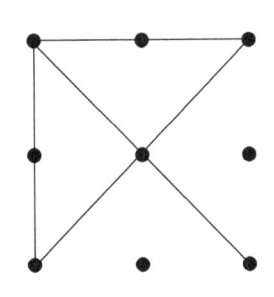

図80　一筆書きしてみた！

あ、2点余ってしまいましたね。

そろそろ正解を見てみましょう。答えは、**図81**です。

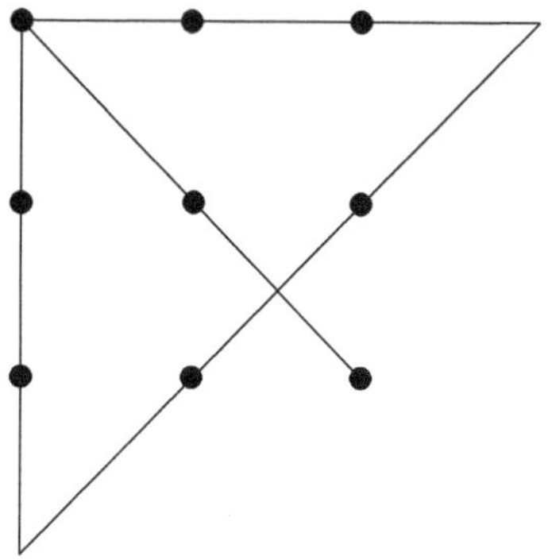

図81　たしかに4本の直線で9個の点をつないでいる

なんだ、はみ出してもいいのか！　それなら最初から言ってよ、という答えでしょうか。しかし、問題は「9つの点を通るように、4本の直線で一筆書きせよ」と言っているだけで、はみ出してはいけないとは言っていないのです。

この問題をいろいろな人に出してみましたが、皆さん意外と苦戦します。いきなり答えを出した人は数学者ではありませんでしたが、凄いですね。私は何本も線を引いて、やっと分かりました。

しかし、分かってしまった後は、なぜこんな簡単なことが分からなかったのだろうと、逆に不思議になってしまうような問題です。

私もよく遭遇しますが、数学の問題のいくつかは、思考の盲点を突いたものです。いったん答えが分かってしまうと、気づいた嬉しさもありますが、気づかなかった自分の愚かさに呆れるやら恥ずかしいやら。

さて、本題です。

> 立方体に開けた穴に、その立方体よりも大きな立方体を通すことができるか？

この問題を提示したのは、プリンス・ルパート・オブ・ザ・ライン（図82）です。彼にちなんで、「ルパート公の問題」と呼ばれています。

図82　プリンス・ルパート・オブ・ザ・ライン

当然ですが、同じ大きさの立方体は、もうひとつの立方体に通すことができます。しかし、一方の立方体Aより大きな立方体Bを、Aの穴に通せるのでしょうか？

そんなことはできるはずがない、と思われるかもしれません。ですが、前節のマンホールのふたの話では、正方形の穴に元の正方形よりも大きな正方形を通せましたね。正確には、一辺が$\sqrt{2}$倍よりも小さな正方形なら通すことができました。ということは、ルパート公の問題でも、もっと大きな立方体を通せるのかもしれないのです。

もしそれが可能だとしたら、いったいどんなふうに穴を通るのでしょうか。せっかくですから、少し試行錯誤してみましょう。

自分自身より大きなものを通すには

まず、斜めに通すのはどうでしょうか。**図83**のように、ちょうどひとつの頂点を真正面に見る方向に通すと、穴が大きくなってよいかもしれませんね。ここに立方体のひとつの面を、まっすぐに差し込んだらどうなるでしょうか。つまり、各辺の中点を通るような切り口に入るようにするわけです。

切り口は、**図84**のように正六角形になります。断面の

図83　立方体のひとつの頂点を真正面から見る

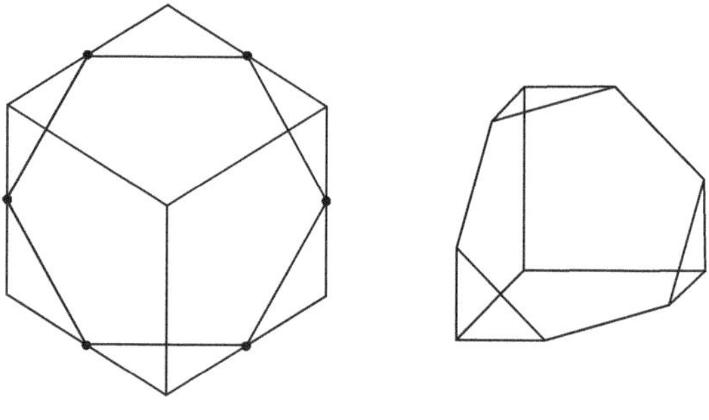

図84　正六角形の断面

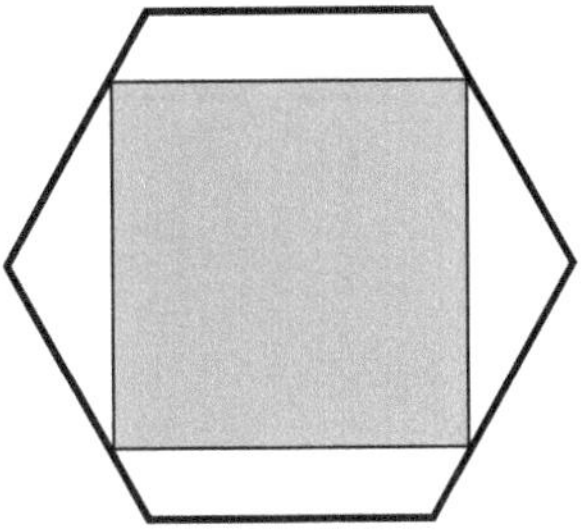

図85　正六角形の断面に内接する最大の正方形

面積は、大きくなるはずですね。立方体の1辺の長さを1とすると、この正六角形の一辺の長さは、$\frac{\sqrt{2}}{2}=0.7071067$……で1よりも小さいですが、ここに収まるような正方形で一番大きなものを探せばよいのではないでしょうか。たとえば、**図85**のように。

この正方形の一辺の長さを計算してみましょう。すると、結果は、

$$\frac{3\sqrt{2}-\sqrt{6}}{2}=0.8965754\cdots\cdots$$

となりました。これでは、元の立方体の一辺の長さ1より小さくなってしまいます。見た感じも、やや小さめかもしれません。残念です。

もちろん、私たちがルパート公の問題を解けなくても、まったく不思議ではありません。見事に解いてみせたオランダの数学者、ピーター・ニューランド（1764-1794）のアイディアを見てみましょう。

ニューランドは、まず各辺を1：3に分けるような4つ

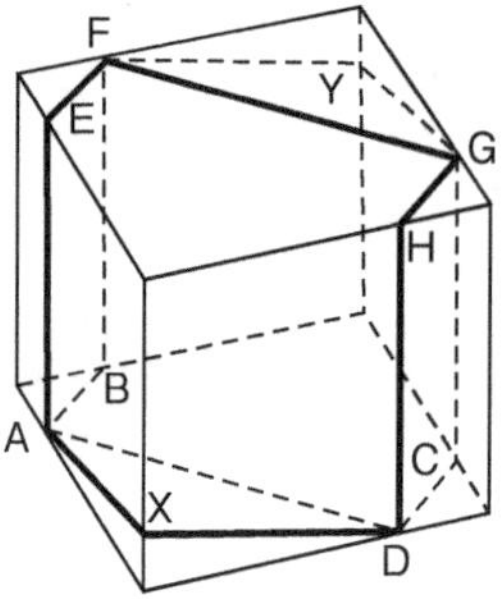

図86　ピーター・ニューランドの解答

の点、F、A、D、Gを取りました（図86）。このような比率で点を取ると、四角形FADGはちょうど正方形になるのですが、これがひとつのポイントです。じつは、正方形になるような比率は、1：3（またはこれを反対側からみた3：1）だけしかないのです。

正方形FADGの一辺の長さを計算してみましょう。これが1よりも大きければ、立方体型の穴に、その立方体より大きな立方体が通せることになります。

まずFGですが、これは三角定規を思い出せば簡単です（図87）。

短辺が$\frac{3}{4}$なのですから、斜辺FGは、

$$\frac{3}{4} \times \sqrt{2} = \frac{3\sqrt{2}}{4} = 1.0606601\cdots\cdots$$

となります。たしかに1より大きいですね。

斜辺FGの長さは、FAと一致しているでしょうか。確

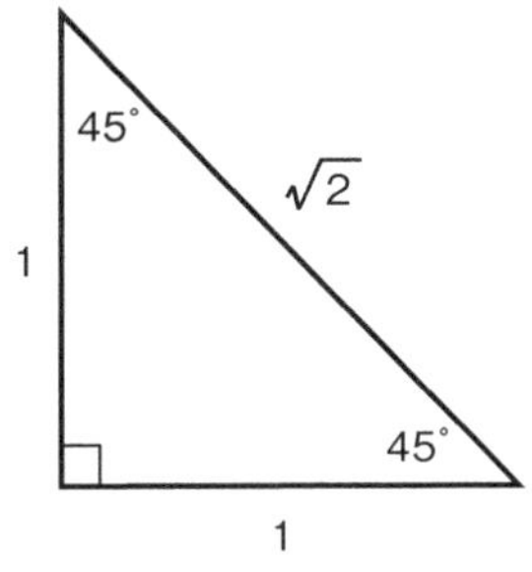

図87　三角定規

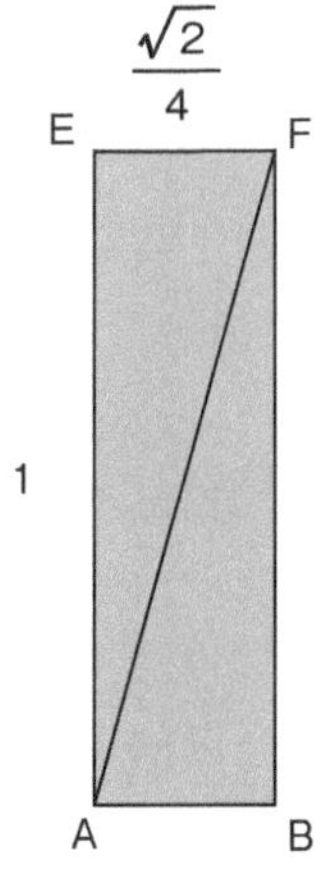

図88　斜辺の長さを求める

かめてみましょう。**図 88** をご覧ください。三平方の定理を使えば、FA は、

$$FA = \sqrt{1^2 + \left(\frac{\sqrt{2}}{4}\right)^2} = \frac{\sqrt{18}}{4} = \frac{3\sqrt{2}}{4}$$

となります。たしかにFGと一致していますね。
つまり、この方向に通せば、元の立方体よりほんの少し大きな立方体が通せることになるわけです。

小が大を呑む

計算は正しいはずですが、本当に通過するのでしょうか。試してみましょう。まず、2つの立方体の模型を作ります（図89）。図90が、小さいほうの立方体を点線に沿

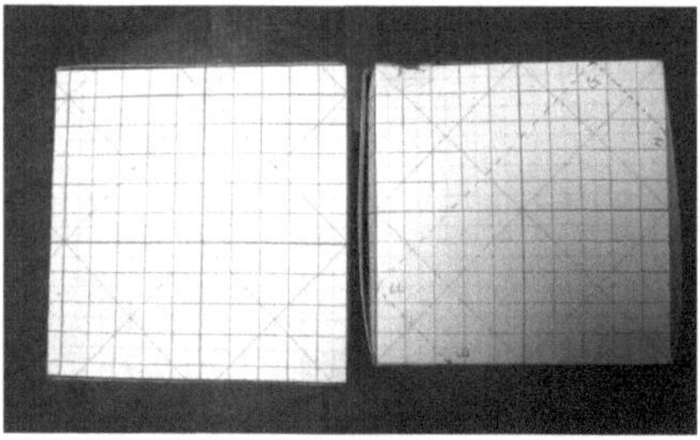

図89　左がちょっと大きめの立方体、
右は点線に沿って切り取って穴を作る立方体

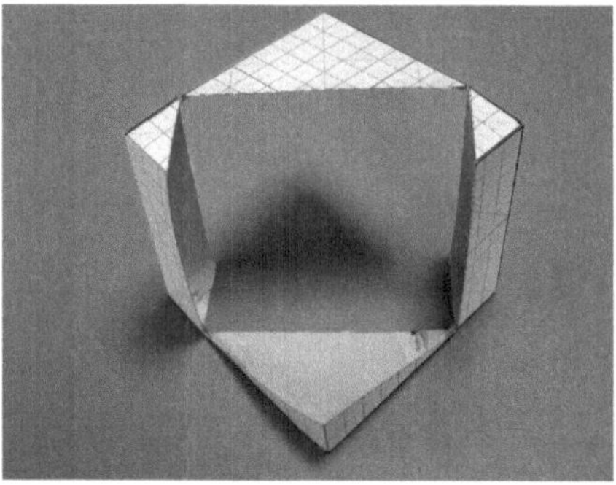

図90　計算で求めた「穴」

図91　通過させているところ

って切り取った「穴」です。通過させているところが、**図91** です。

たしかに通過しました。さすがです。

この図形は工作用紙で作ることができますので、皆さんもぜひ実験してみてください。

さて、この問題を解く際、重要なことは何でしょうか。それは、「立方体の断面を調べる」という視点で、問題を捉え直すことです。「立方体を包丁でばっさり切ったとき、切り口が正方形になるのはどのような場合か」と考えれば、解くことができるからです。図形の問題はセンスが必要などと言われますが、論理的思考力を磨くほうがはるかに効果的なのです。

線で織る

10月15日

今日の問題も、非常に簡単だ。

問題：平面上の図形で、長さ1の線分を連続的に180度回転させることができるものを考える。そのような図形の中で面積が最小となるものはどんな形か。

さっそく答えが思い浮かんだ。直径1の円だ。

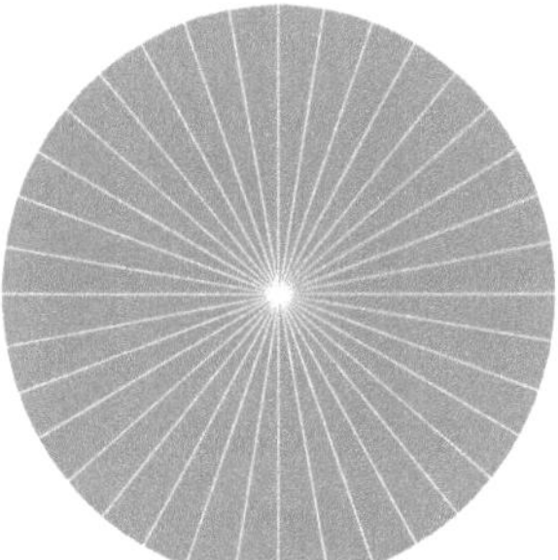

図92　直径1の円

円の半径は0.5だから、面積は、$0.5 \times 0.5 \times \pi = 0.25\pi = 0.785398\cdots\cdots$ということになる。これで決まりだ。

■針が回転できる図形

この問題は、東北大学数学科の助教授だった掛谷宗一(1886-1947) 氏が、1916年頃に提出したものです。

たしかに、線の真ん中を中心としてぐるりと回転させたら、円になりますね。面積は$0.5\times0.5\times\pi=0.25\pi=0.785398\cdots\cdots$。先ほどの計算とも合っています。

しかしこれが最小であれば、わざわざ問題にしたりしないでしょう。もっと小さな図形は他にも考えられます。

たとえば、丸くないマンホールの話に出てきた「ルーローの三角形」(**図93**) はどうでしょうか。ルーローの三角形は幅が一定ですから、線分を動かすことができるはずです。

幅1のルーローの三角形の面積は、次のように計算できます。まず、**図94**のように3つのおうぎ形の面積を足して（おうぎ形3つ分の面積は、ひとつのおうぎ形の角度が60度なので3つ分で180度、ちょうど半円の面積となり$\frac{\pi}{2}$)、重複している正三角形2つ分の面積 ($2\times\frac{\sqrt{3}}{4}=\frac{\sqrt{3}}{2}$) を引

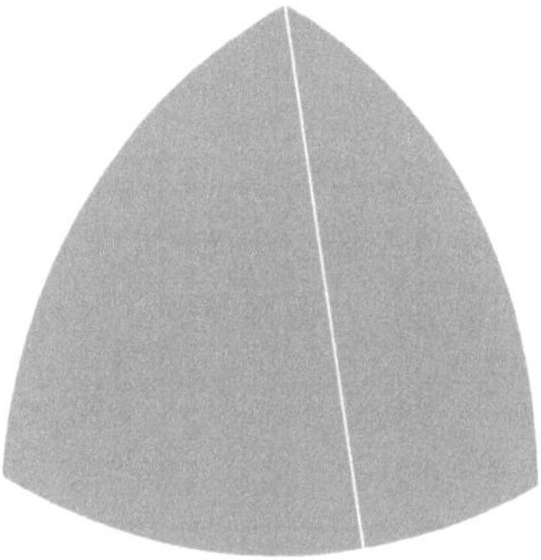

図93　ルーローの三角形

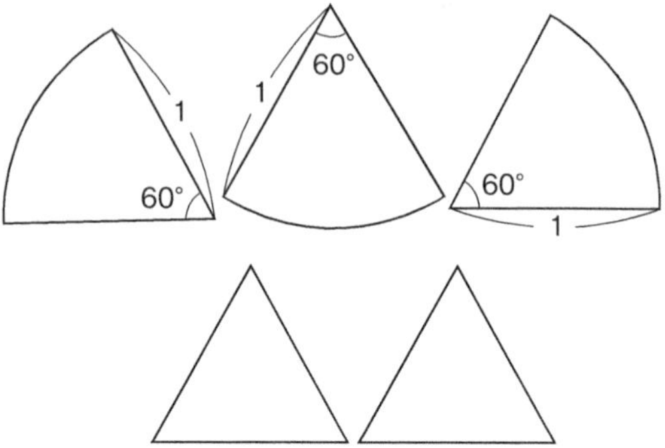

図94　ルーローの三角形の面積の計算

けば、$\frac{\pi}{2}-\frac{\sqrt{3}}{2}=0.704770\cdots\cdots$であることが分かります。

先ほどの円の面積は$0.25\pi=0.785398\cdots\cdots$でしたから、少し小さくなりましたね。掛谷氏も、最初はルーローの三角形が答えだと考えていました。

しかし、もう少し小さくできないでしょうか。

たとえば、ルーローの三角形ではなく、いっそ正三角形にしてしまうのはどうでしょうか？　長さ1の線分を動かすためには、いちばん狭いところがちょうど幅1になるようにすれば、条件を満たすはずです。

図95は、高さ1の正三角形です。三角定規を思い出せば、高さがちょうど1になる正三角形の1辺の長さは、$\frac{2}{\sqrt{3}}$であることが分かります。つまり、この正三角形の面積は、

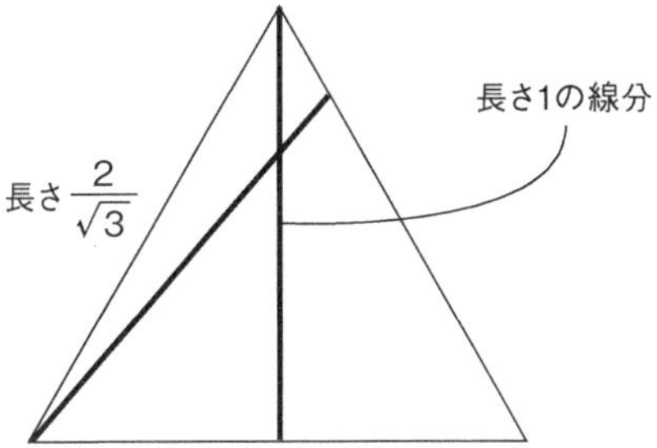

図95　高さ1の正三角形

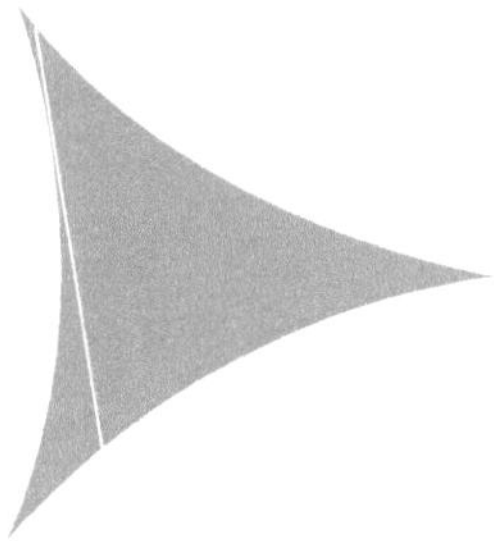

図96　さらに面積の小さい軌跡（デルトイド）

$$\frac{2}{\sqrt{3}} \times 1 \div 2 = \frac{1}{\sqrt{3}} = 0.5773502\cdots\cdots$$

となります。ルーローの三角形より、ずいぶん面積が小さくなりましたね。うまく行きました。

でも、そういえば、**図96**のような図形がありますね。

お腹をすかせて痩せてしまった三角形のようなこの図形は、デルトイドと呼ばれています。ルーローの三角形の太った部分をひっくり返して、痩せた三角形を作ったわけです。円の中を、その円よりも小さな円がぐるりと一回転し

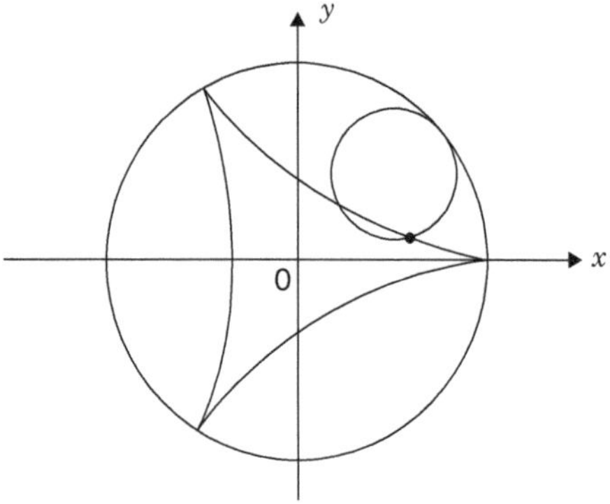

図97　デルトイド＝円サイクロイド

たとき、その端のしるしが描く軌跡でできています（**図97**）。この場合、大きな円と小さな円の半径の比は3：1です。

とすると、円周の長さは$2\pi\times$半径ですから、周の長さの比も3：1になります。このとき小さな円が大きな円の中をコロコロ転がっていくと、小さな円は大きな円の中でちょうど3回転することになるわけです。

正三角形とデルトイドがルーローの三角形より小さな図形であることを指摘したのは、掛谷氏の友人の藤原松三郎氏、窪田忠彦氏でした。このことが、掛谷氏の研究ノートに残されています。

「只今窪田、藤原両君ヨリノ御注意ニヨリテ第一図ノexampleハ誤リナル事ガ発見セラレリ即高サℓノ正三角形ノ方ガ尚areaノ小ナルdomain of revolutionナルヲ注意セラレタリ．尚窪田君ハ更ニ之ヨリ小ナル然レドモ

convex ナラザル例ヲ示サレタリ[28]」

窪田氏がデルトイドを例に出したという経緯が窺えます。詳しい計算によれば、デルトイドの面積は、$\frac{\pi}{8}$ = 0.392699……になります[29]。当時、多くの数学者が、掛谷問題の解はデルトイドに違いない、と予想していました。

驚くべき正解

しかし、デルトイドが最小だとするならば、「デルトイドより、さらに小さくできない理由」があるはずですが、その理由はまだ見つかっていませんでした。さらに面積が小さくなるような動かし方が、他にあるのかもしれません。

この問題を最終的に解決したのは、ベシコビッチ（1891-1970）という数学者です。ベシコビッチの結果は、次のようなものでした。

定理（ベシコビッチ 1927）

平面上の図形で、長さ1の線分を連続的に180度回転させることができるものを考える。そのような図形の中で、面積がいくらでも小さいものが存在する。

じつは、「面積はいくらでも小さく（0に近く）取ることができる」というのです！

ベシコビッチの元々の証明はやや複雑ですので、ここではドイツの数学者ペロンのアイディアに沿って感覚的に説

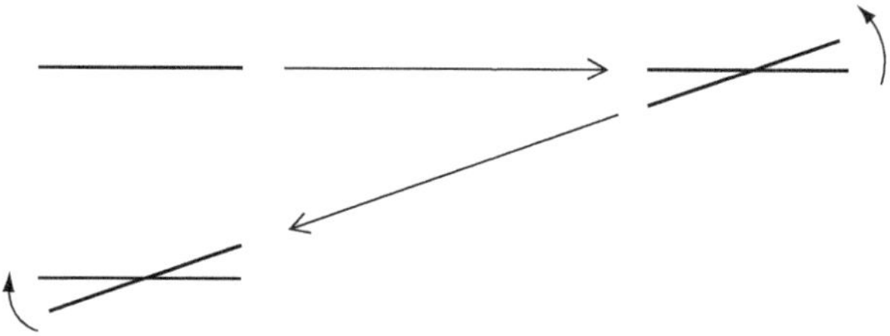

図98　針を移動する

明します。

まず、次の性質に注目しましょう。

（針の移動についての性質）針をひとつの線上から別の線上に動かすとき、針の動く範囲をいくらでも小さくできる（図98）。

第一のポイントは、「針をタテに（針を刺す方向に）動かしても、面積はまったく増えない」ということです。直線の面積はゼロだからです。第二のポイントは、「針をタテに遠くまで動かせば、ほんの少し針の角度を変えるだけで、もう一つの線に動かすことができる」ということです。

第二のポイントはどういう趣旨かというと、たとえばカメラで遠くのものを撮影するとき、ほんの少し手元が動いただけで被写体がレンズから外れてしまいますね。それと同じ理屈で、対象物から離れれば離れるほど、手元の狂いが大きなズレを生んでしまう。この性質を逆用するわけで

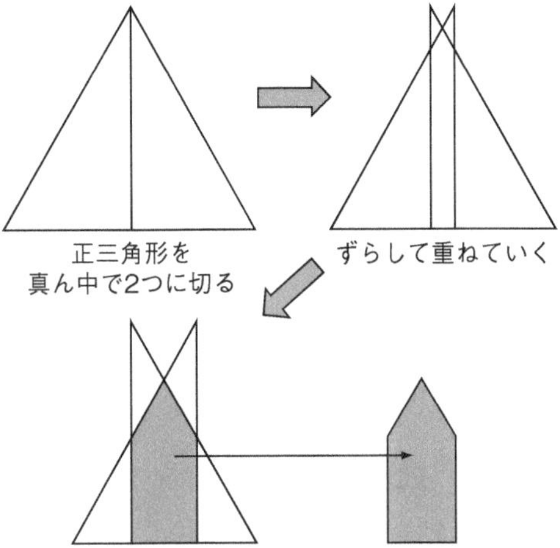
正三角形を
真ん中で2つに切る
ずらして重ねていく
この重なった部分の面積が減る

図99　正三角形を2つに切って重ねていく

す。

次に、高さ1の正三角形を用意します。先ほど見たように、正三角形の中では長さ1の針を180度回転させることができました。そこで、この三角形を真ん中で2つに分けて、2つの三角形にします。この2つの三角形を、**図99**のように重ねてみましょう。

重ねると、重なった分だけ面積が減ります。ここがポイントです。中で針をぐるりと回転させることはできなくなってしまいますが、「針の移動についての性質」を使って**図100**のようにすればよいのです。

図100の操作を、もっと細かくしたらどうでしょう。こんどは元の大きな三角形を8つに切って、最初と同じ

ように2つずつ重ねます。すると、二股ピックのような図形が4つできます。さらに、隣り合う2つずつをペアにして4つを同じように重ね、できた2つのガサガサした図形を同じように重ねると、8つの刺のある図形ができます。

同じようにして、三角形を細かく（8、16、32、64……個に）分割して同様の操作を繰り返していくうちに、図形の面積はどんどん小さくなっていきます[30]。このようにしてできる樹木のような図形を「ペロンの木」といいます（**図101**）。

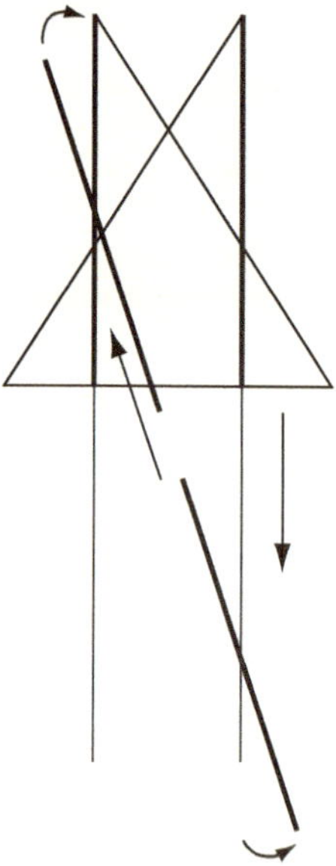

図100　三角形から別の三角形に針を動かす

そこで、「針の移動についての性質」を使って、それぞれの三角形の中で針を動かします。すると針は結局、正三角形の頂角、つまり60度動かすことができます。これを3つの辺に対して実行してみると、180度回転させることができるというわけです。うまいアイディアですね。

掛谷問題は、一見するとただのオモシロパズルのように見えます。しかしのちに、ここで構成された図形は実解析学や偏微分方程式など、解析学の最も深い問題に応用されるほど重要なものになりました。掛谷宗一氏の素朴な疑問

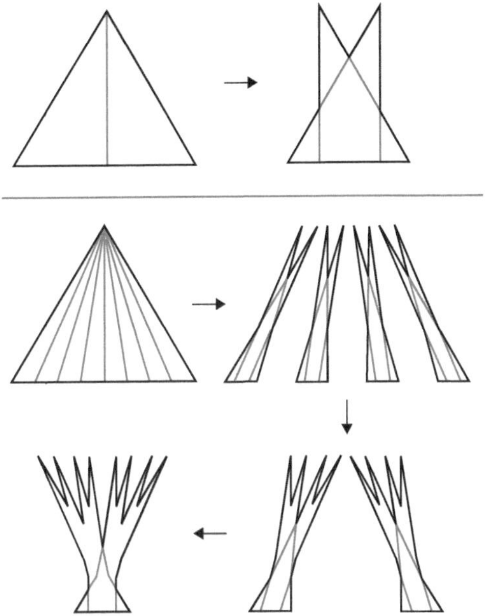

図101　ペロンの木の構成法
出典：K.J. ファルコナー、畑政義訳『フラクタル集合の幾何学』近代科学社（1989）

から始まった針の回転問題は、現代数学にも大きな影響を与えたのです。

見過ごしてしまいそうな問題の中にも、じつは深い意味が隠されている――そんな例としても、じつに秀逸だと思います。

トリチェリのトランペット

12月7日

今日の問題は、私には納得できない。答えが出せるはずがないと思うのだ。

問題：注げる水の量は有限なのに、地球上のすべてのガラスを集めても作ることができないコップがある。それは、どうやって作るのか。

「地球上のすべてのガラスを集めても作ることができない」とは、表面積が無限に大きいということ、つまり無限に広いということだろう。ならば当然、体積も無限大になるはずなのだが。

体積は有限でも表面積は無限？

たしかに、一風変わった問題ですね。もちろんこれは、本当に作ってみなさい、と言っているわけではなく、いわゆる思考実験です。「**体積は有限なのに表面積が無限になるような図形**を、理論上どうすれば作れるか」と言い換えることができるでしょう。

ここで、何か入れ物を作るとします。そうですね、たとえばコップを想像してみてください。

コップというと、使う立場からは「どのくらいの量の水が入るか」ということが気になるのではないでしょうか。しかしコップを作る側から考えると、「コップを作るために、材料がどのくらい必要か」が気になることが多いでしょう。

今、話を理想化して、コップの厚みが限りなく薄いと考えます。すると、コップに薄いふたをしたときの体積は、ほぼコップの容量（容積）になるはずです。そして、「コップの表面積が、コップの材料（ガラス）の量をほぼ決める」ことになるでしょう。

このことを踏まえて、冒頭の問題に戻ります。注げる水の量は有限なのに、地球上のすべてのガラスを集めても作ることができないコップがある。それは、どうやって作るのか。

あくまでも数学的にはどのような図形になるかを考えましょう。

まず、反比例のグラフ $y=\dfrac{1}{x}$ を用意してみます（**図102**）。グラフを見ると、$x=0$ に近いところで非常に大き

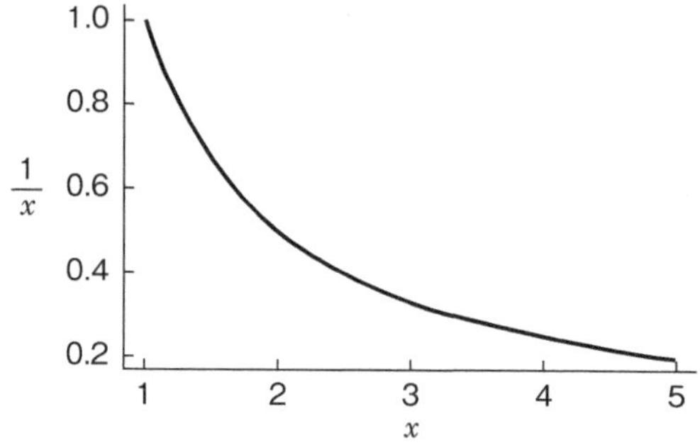

図102　反比例のグラフ

図103　トリチェリのトランペット

くなってしまうので、適当にカットします。たとえば、$x=1$で切ってみましょう。そうすると、とても細長い（無限に長い）曲線ができます。図102のグラフでは適当な範囲までしか描いていませんが、理論上は、しっぽ状に無限に長く伸びているはずです。

このグラフをx軸の周りにぐるりと1回転させてみましょう。その結果は、**図103**のようなイメージになるはずです。

無限に長い、こんな図形です。もはやコップというより、トランペットのように見えますね。この図形は、発見した人の名前をとって「トリチェリのトランペット」と呼ばれています。「体積が有限なのに、表面積が無限」ということが実感できるでしょうか。少し難しいかもしれませんね。

まず、体積から考えてみましょう。トランペットを立てて、広がった口から水をなみなみと注ぎます。このとき、水はどのくらい入るでしょうか。

体積を求める

体積を計算するためには、トランペットを回転軸（x 軸）に垂直な平面でスライスするとうまくいきます。近似的には、**図 104** のように考えてもよいでしょう。

細い短冊を、無限に並べたような図です。これを回転させると、薄い円板が無数にできるはずです。

さらに、**図 105** のように、どんどん細かくしていきます。

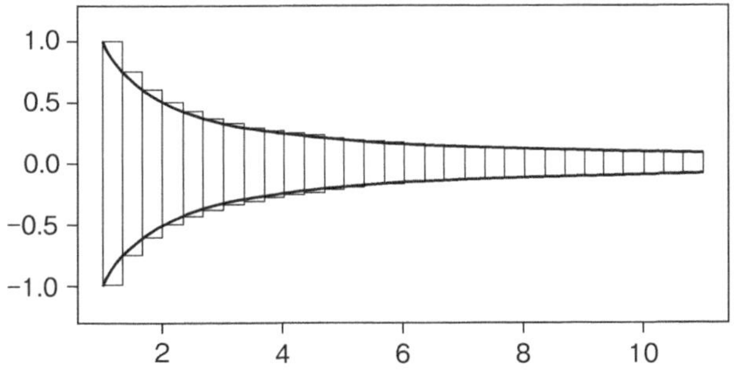

図104　トランペットを短冊で近似

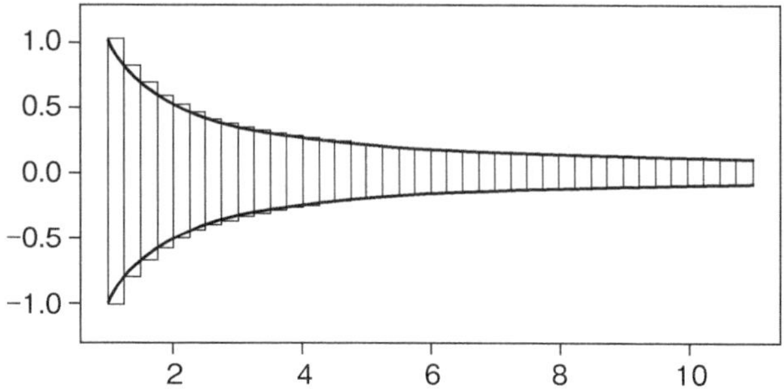

図105　もっと細かく！

どんどん細かくしてからぐるりと一回転させれば、薄い円板の集まりができあがります。そうすると、円板の体積の合計は、トリチェリのトランペットの体積に非常に近いものになるはずですね。無限に細かく刻んで合計すれば、正確な体積が計算できることになるのです。

やり方が分かったところで、実際に計算してみましょう。

まず、トランペットの深さを$L-1$とします。その上で、トランペットのxが1からLまでの体積を計算しましょう。Lを変えてグラフにすると、**図106**のようになります。

トランペットが無限に長いので、Lをどんどん大きくしたところで、体積の増え方がゆるやかになるばかりです。どこまで行っても、一定の数字を超すことがないのです。詳しい計算によれば、無限に長いトリチェリのトランペットの体積は、最終的にπになることが分かっています。

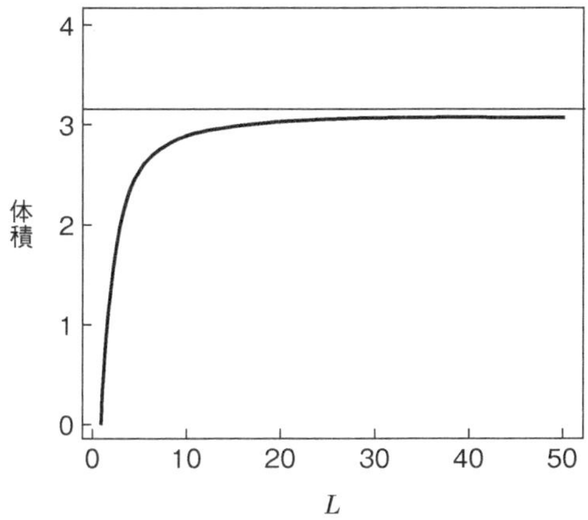

図106　1からLまでのトランペットの体積

表面積は本当に無限か

次に、表面積を調べましょう。表面積を求める場合は、もう少し丁寧に断面を近似します。

xから厚みΔxでスライスしたとき、トランペットの断面は、図107のように、ほぼ円すい台（円すいの先のほうをバッサリ切り落とした形）になるでしょう。

近似ではありますが、幅Δxをごく小さくとれば、この円すい台の表面積を足し算していくことによって、トリチェリのトランペットの表面積が計算できるはずです。

この方法でxが1からLのときの表面積を計算してみた結果は、図108のようになります。こんどは、体積のときより増え方が急になっています。しかし、本当に無限に表面積が大きくなるのかどうか、これだけを見てもよく

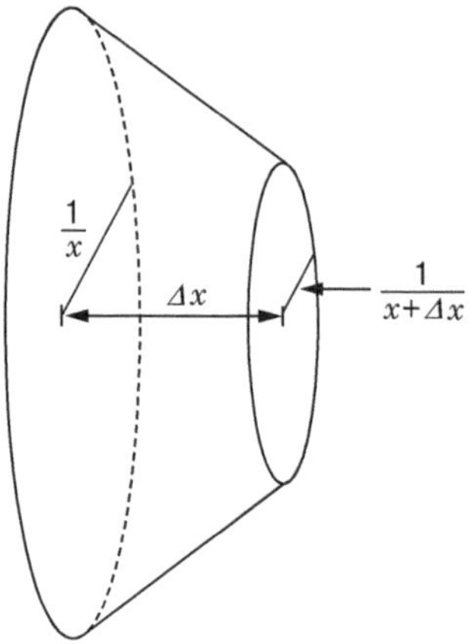

図107　トリチェリのトランペットを厚みΔxでスライスしたところ

分かりませんね。

そこで、トランペットの表面積の出し方をもう少し細かく解きほぐして考えてみます。トランペットの表面積は、**図109**の上の図のように、半径yの円周の長さ（$2\pi y$）と、円すい台のスロープ（斜めの線）の長さを掛け算したものを合計すれば求めることができます。

スロープの長さは、Δxよりも長いはずです。ということは、トランペットの表面積は、「円周の長さ（$2\pi y$）とΔxを掛けたものを合計したもの」よりも大きいことになります。つまりトランペットの表面積は、「$2\pi y \times \Delta x$の合計よりも大きい」ということですね。

ここで、$2\pi y \times \Delta x$の合計とは何でしょう。

それは、Δxを非常に小さくしていけば、反比例のグラフの面積に2πを掛けたものだということが分かります

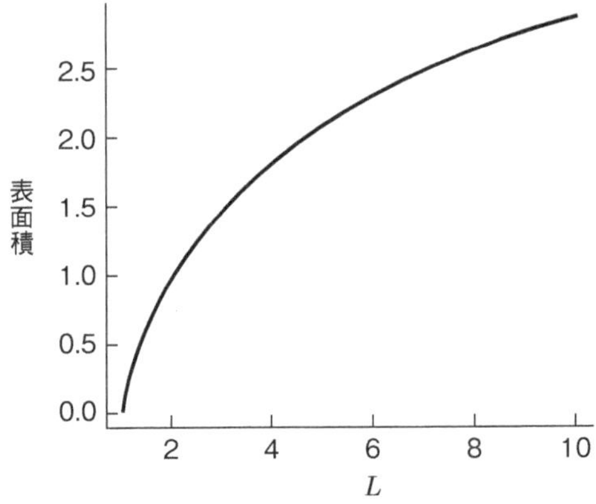

図108　トランペットの表面積

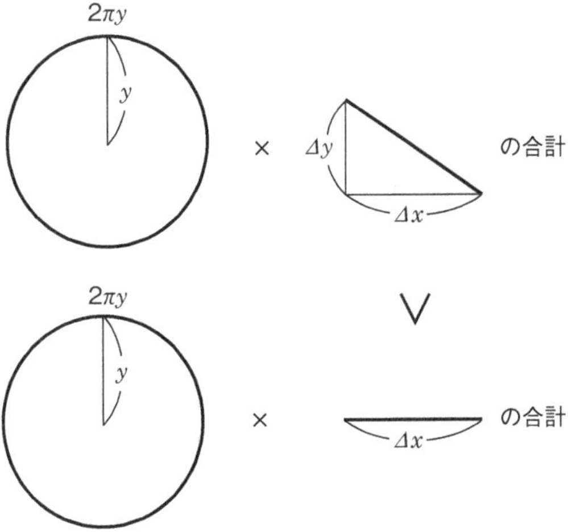

図109　表面積を「下から」おさえる

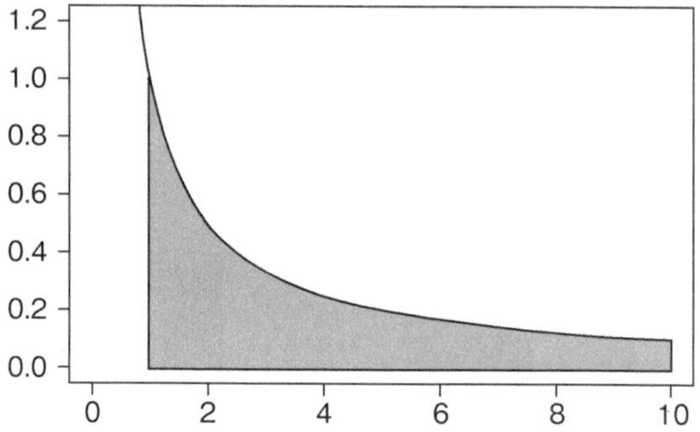

図110　トランペットの表面積は、灰色部分の面積×2π以上

（図 110）。

反比例の関数の面積は、いくらでも大きくなることが分かっています。1 から L までの面積は、数式好きな人のために書いておくと、

$$\log L$$

と書くことができます（ログエルと読みます）。ここで log というのは、大ざっぱに言うと L の桁に比例して増える関数なので、L を無限に大きくすると、$\log L$ も無限に大きくなるのです。

たとえトランペットの長さ（$L-1$）が有限であったとしても、L を大きくしていくと、体積が一定の値に近づいていくにもかかわらず、表面積がどんどん大きくなってしまいます。表面積が無限に大きくなる、つまり材料がいくらあっても足りなくなる、という感じが伝わったでしょうか[31]。

ここでは、「無限に長いトランペット」という架空の問題を考えました。しかし、同様の問題は実際の物理現象の性質にも関係しています。たとえば、日本列島の面積は有限です。しかし日本地図の海岸線の長さは、一見有限であるように見えますが、実際にはもっと入り組んでいて、細かく見ていくとどんどん長くなり、しまいには無限大になってしまうという現象があるのです。面積・体積の問題ではありませんが、「有限の世界の中に無限が潜んでいる」という意味で、トランペットの例と同じだと言えるでしょう。同様の例は、じつは他にもたくさんあります。
「無限」は、単なる空想の産物ではなく、私たちの身の回りに溢れているものなのです。

色々な問題

12月17日

数学の問題を解くときは、手を動かしてみることが大事だ。

問題：地図上で隣り合う国々を違った色で塗り分ける。このとき、何色あれば十分か？[32]

この問題を解くべく、実際にいろいろな白地図を塗り分けてみた。結論から言うと、答えは5色だ。いろいろと試したが、最も複雑なアメリカの地図でさえ、5色あれば塗り分けられた。実際に塗ってみたのだから間違いない。

5色が最少の色数か

私も大学時代にこの問題を知り、確かめてみたことがあります。実際は、「ある色数があれば十分である」という命題を解くものでした。色を塗るのは手間がかかるので、「それぞれの国に番号を振り、隣り合う国が同じ番号にならないようにする」という方法で試しました。やってみると、途中までは上手くいくのですが、どこかであともう1色が必要になってしまうことがあり、その場合には少し前まで戻って、もう一度番号を振り直さなければなりません。

なかなか根気のいる作業ですが、ほぼ丸一日を費やしてさまざまな地図に番号を振り、たしかにどんな地図でも命題の色数で塗り分けられそうだ、と納得することができました。途中で反例ができたと思っても、最終的には塗り分けられることが分かったのです。

では、そろそろ答えを出しましょう。

この問題は、イギリスの数学者ド・モルガン（1806-1871）の学生、フレデリック・ガスリーの質問に端を発します。元の質問は、「地図上で隣り合う国々を違った色で塗り分けていくとき、4色あれば十分か？」というものでした。そう、答えは4色です。「**最大**4色」というところがポイントです。

この質問に対して、1852年10月23日、ド・モルガンは著名な数学者ハミルトンに手紙を書き、「正しいように感じるが、あなたはどう思うか」と尋ねました。この問題は、今では「四色問題」として有名です。

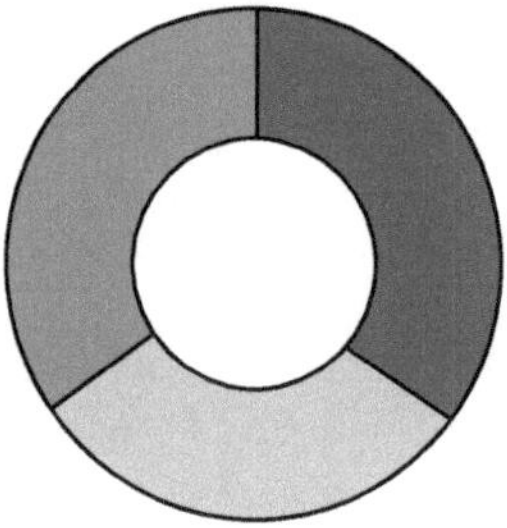

図111　4色必要な地図の例

実際に、塗り分けられたものを見てみましょう。塗り分けに4色必要な例は、簡単に作ることができます。**図111**のように単純な図でも、どうしても4色必要になります。

では、もっと複雑な地図はどうでしょう。**図112**は、アメリカ合衆国を塗り分けた例です。こちらも、4色で足りています。図111のようにシンプルな例はともかく、複雑になればなるほど多くの色が必要になる気がしますが、注意深く塗り分ければ、4色で足りてしまうようなのです。いったい、どういうことなのでしょうか。

数学者が日夜格闘しているのは、定理を証明することです。じつは、4色ではなく5色あれば十分であることを証明することは、それほど難しくはありません（このスペースで説明できるほど簡単ではありませんが）。難しいのは、4色あれば十分なことです。いくらたくさんの実例を集めてきたところで、それだけでは定理が正しいことを証明できたことにはなりません。それは、「5色以上必要になる

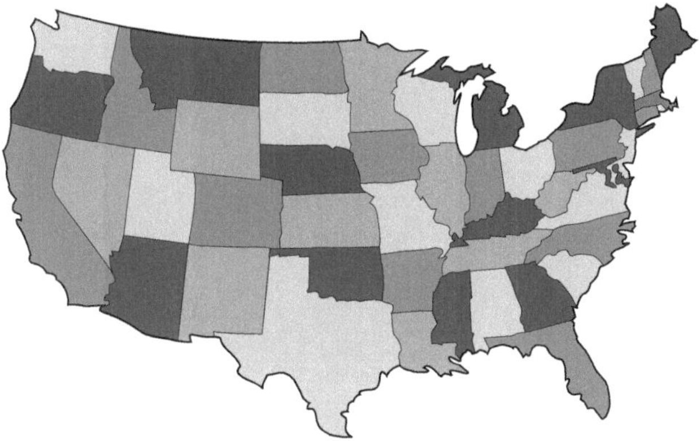
図112　アメリカ合衆国の州を4色で塗り分けた例

地図が存在しないこと」を意味しないからです。ここが数学の厳しさであり、面白いところだと私は思います。

平面から球面へ

さて、四色問題が提示されてから、たくさんの数学者がこの証明に挑戦しましたが、なかなかうまくいきませんでした。数学者の多くが試していたアイディアは、次のようなものです。

まず、「平面の地図を塗り分ける問題は、球面上の地図を塗り分ける問題と同じ」だということに注目します。**図113**を見てください。

球面を地球に見立てたとき、平面の点と北極点をつなぐ直線を引き、それが球面と交わる点（北極以外の点）と平面の点を対応させます。すると、平面上に描いた地図が球

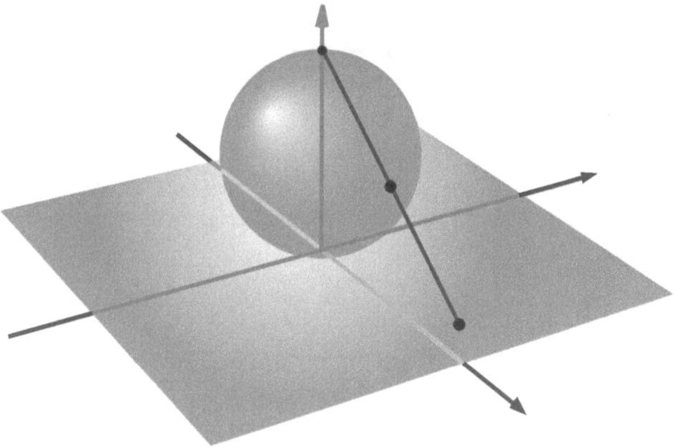

図113　平面を球面に射影する

面に写し取られることになります。こうしておくと、地図の外側（世界地図でいえば、海の部分）も、ひとつの国のように扱うことができます。数学ではこのように、なるべく例外的な場合がないよう、問題を単純化して考えることがよくあります。

これを踏まえると、四色問題は次のように書き換えることができます。

> 4色あれば、球面上のどんな地図でも、隣り合う国々が違う色になるように塗り分けることができるか？

こうすると、問題をさらに一般化することができます。「球面以外の曲面に対して、その上に地図を描き、それを塗り分ける」という問題として考えられるのです。

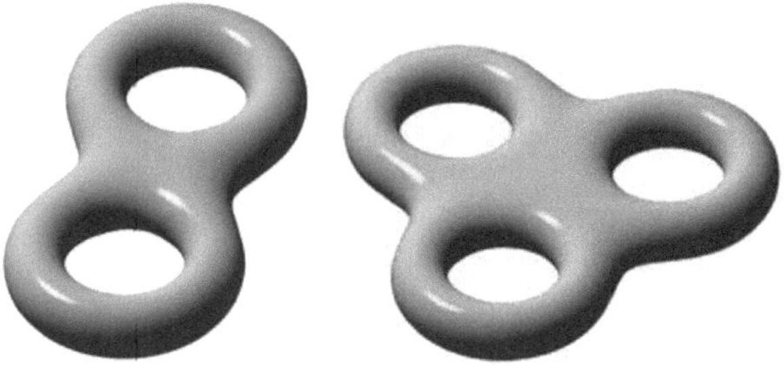

図114　ジーナス2と3の曲面

数学では、曲面を分類するとき、その穴の数に注目します。穴の数をジーナスといいます。**図114**は、それぞれジーナスが2と3の曲面の例です。今回の四色問題で証明したいのは球面ですから、ジーナスはゼロということになります。

数学者ヒーウッドは、ジーナスがgのとき、その曲面の上の地図を塗り分けるには、

$$H(g)=\left[\frac{7+\sqrt{1+48g}}{2}\right]$$

色あれば十分だと予想し[33]、後の1968年、リンゲルとヤングスが、ジーナス（g）が1以上のときに正しいことを証明しました。本来の四色問題は$g=0$のときですが、まだそこまでは証明できなかったのです。分かりにくいので、**表7**にまとめましょう。

たとえば、ジーナスが1の場合（これをトーラスといいます）には、7色必要になる例が構成できます。

表7　ジーナス g と塗り分けに必要な最大の色数

g	1	2	3	4	5	6	7	8	9	10
$H(g)$	7	8	9	10	11	12	12	13	13	14

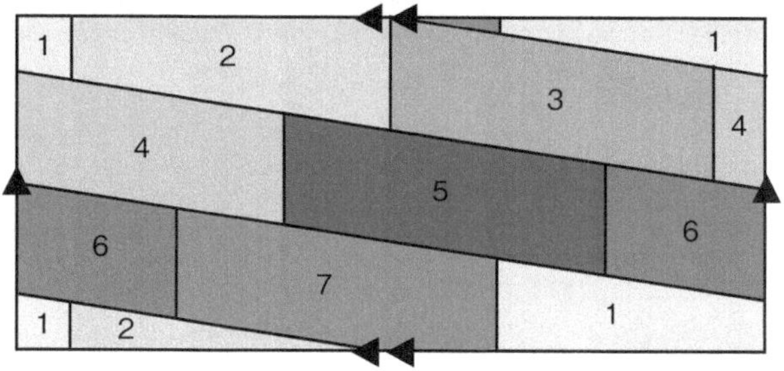

図115　丸める前の地図

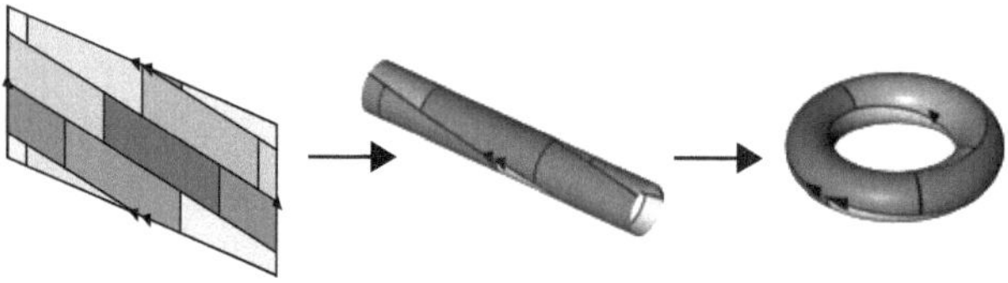

図116　ゴムを丸めてトーラスにする

まず図115のような、やわらかいゴム製の地図を考えてみます。同じ番号のところは同じ色になります。これを図116のように丸めて、トーラス状の地図にします。これが7色必要な地図の例です。地図の塗り分けに使う色の数は、曲面の性質によって変わってくるのです。

ところがジーナス1の場合はこれでよいのですが、ジーナス0は、こんなふうにうまくはいきませんでした。

残念。**最も欲しい定理が最も難しい**、というのは皮肉ですが、こうしたことは数学ではよくあります。

不適切な証明？

じつは四色問題は、まったく意外な方法で解決されました。

まず、ハインリヒ・ヘーシュが、四色問題を8900種類の配置の考察に還元することに成功します[34]。これは劇的な進歩でした。四色問題が、「有限の」問題に還元されたことになるからです。この8900種類の配置について根気よく調べていけば、四色問題が証明できるはずです。

次に、イリノイ大学のケネス・アッペルとヴォルフガング・ハーケンの2人は、手計算によって、調べなければならない配置を2000程度にまで減らすことに成功しました。そののち、さらに1200時間（24時間稼働させて50日分）もの時間をかけて、コンピュータですべての場合についてチェックを行いました。

その結果、四色問題を完全に解決することに成功したのです。124年の歳月をかけて、四色問題はついに解決されました。

四色問題において革命的だった出来事は、数学の証明にコンピュータが「本質的に」使われたことです。

アッペルとハーケンによるコンピュータを用いた「証明」は、数学界に大きな論争を巻き起こしました。しらみつぶしの論証があまりに強引なやり方だったため、定理が正しいことを人類が理解するための役に立たない、と思われたからです。数学者たちは、コンピュータを用いた証明を、怒りをもって迎えました。彼らの嘆きの声は、こんな具合です。

「このプログラムは、それぞれの場合の分析において、手続きがうまく終了したかどうかだけを宣言する。つまり、コンピュータからの出力は『イエス』の山にすぎないのだ。こうしたプログラムは、答えとして一定の量を出力し、その正しさを人間が後で確認できるようなプログラムとは区別されなければならない。(中略) 数学の醍醐味は、純粋な論証の結果として4色で十分である理由が理解できるようになる点にある。コンピュータ詐欺師のアッペルとハーケンが数学者として認められているようでは、われわれの知性は十分に働いているとは言いがたい」

「問題は、まったく不適切な方法で解かれてしまった。今後、一流の数学者がこの問題に関わることはないだろう。たとえ適切な方法で問題を解けたとしても、これを解いた最初の人間になることはできないからだ。まともな証明が得られる日は無期限に遠ざかってしまった。誰もが納得できる証明には一流の数学者が必要だったのに、今やそれは不可能になってしまったのだ」

「コンピュータを使った」という点が数学者の嫌悪感を増幅させたのだと思います。しかし、大勢の数学者が手分けすれば、有限の場合分けを全部調べることはできたでしょう。「何百もの論文を合わせた結果として、四色問題が解決する」というシナリオもありえたはずです。

　つまり、本質的に「証明があまりに長く、人間には全体を理解できない」ということが問題なのです。このような現象は、じつは他の問題でも起きています。

たとえば群論と呼ばれる代数学の一分野では、有限単純群の分類定理と呼ばれる、あらゆる有限単純群を分類し尽くす定理が知られています。その証明は、2004年に完成したと「信じられて」います。信じられているというのは、その証明は合計12000ページ近くもあり、人間が全体を理解することは極めて困難だからです。私の友人には有限群論を専門にする数学者がいますが、1990年代には証明が終わったと言っていました（1983年に有限群論の大家ゴーレンシュタインが勝利宣言していたため）が、準薄群と呼ばれる群の中に調べきれていないものが発見され、1300ページもかけてそのギャップが埋まったのは2004年になってからでした。

手を動かすだけでは解決できなかったこの問題。人間には理解しきれない「証明」の意義とは何か？　四色問題は、そのような問いをも私たちに突きつけたのです。

第4章 直感を裏切る論理

空間充填曲線

1月9日

問題：真っ白な折り紙を黒いペンで塗りつぶして、真っ黒にせよ。ただし、以下の注意を守ること。

注意 1：ペン先が針のように細いペンを用いる。

注意 2：ペン先を紙から離してはいけない。

注意 3：線同士がぶつからないこと。

ぐちゃぐちゃに書けば真っ黒にできそうだけれど、線同士がぶつかってはいけないとなると難しい。とはいえ、いきなり答えを見るのも面白くない。この図がヒントになっているようだが……。

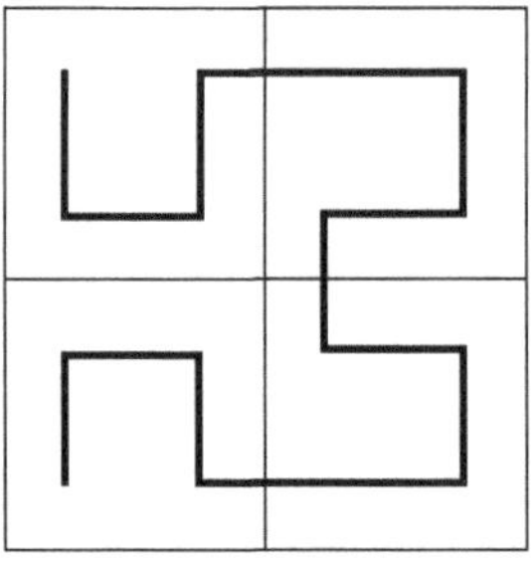

図117

余計に分からなくなってきた。

四角形は曲線の仲間か？

図117は、答えにたどり着く途中経過を表しています。これがだんだん細かくなっていくとどうなるか、というのがヒントです。

本章は、いよいよ最終章です。今までさまざまな問題を見てきました。子どもでも取り組めるような問題でありながら、最終的には数学の奥深さに繋がっている問題が多かったのではないでしょうか。そして、今回の問題にも本質的な問いが隠されています。その問いとは、「正方形は、曲線の仲間になるだろうか？」というもの。すなわち、「曲線の定義」がこの問題の本質です。

じつは、数学の定義とは、最初から正しく定められているわけではありません。「こういうふうに定義しないと、おかしなことが起きてしまうらしい」といった事実が発見されるたび、徐々に正しい方向へ修正されていくのです。

さて、最も素朴な曲線の定義として、「直線と、連続な1対1の対応がつくもの」があります。「連続」とは「つながっている」という意味、「1対1の対応がつく」とは、「直線上の点と曲線上の点が各々1つずつ対応している」という意味です。難しく感じるかもしれませんが、図にすると、**図118**のようなイメージです。

一見すると、何の問題もないように思えるこの定義。じつはこの曲線の定義が、後にとんでもない問題を引き起こしてしまうのです。

ロシアのサンクトペテルブルク出身の数学者、ゲオルク・カントールは、今では数学の世界で常識的に使われて

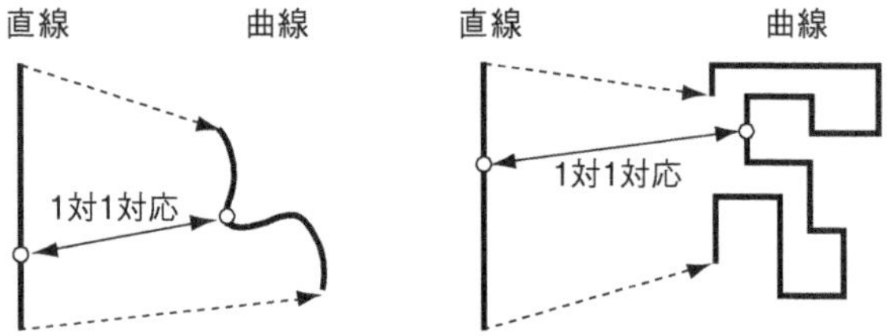

直線と曲線の間に連続な1対1の対応がつく

図118　曲線の素朴な定義

いる「集合」という概念に、厳密な基礎を与えた偉人です。カントールの膨大な業績の中に、「直線と正方形（の境界と内部全部）のすべての点の間に、1対1の対応がつけられる」という驚くべき発見があります。これは、いわば「直線だけで、正方形を埋め尽くすことができる」ということを意味しています。

しかし、カントールが発見した「対応」とはバラバラ、つまり「不連続」なものでした。本節冒頭の問題で言えば、「注意2：ペン先を紙から離してはいけない」を満たしていなかったわけです。そこで、数学者たちはその後、カントールの発見した「直線と正方形の対応を連続なものにできるか」という問題に関心を持つようになりました。言い換えると、「**正方形の中のすべての点を通る曲線**は存在するのか？」。これが数学者の興味を捉えたのです。

この問題に、最初に「YES」という答えを出し、曲線の構成法まで示してみせたのが、イタリアの数学者ジュゼッペ・ペアノです。

直線（線分）　　　正方形

図119　直線と正方形の間に1対1の対応がつく？

ここで、ペアノの構成法を紹介したいところですが、少々複雑なので差し控えます。その代わりに、正方形を埋め尽くす曲線（平面充填曲線）の例として、より分かりやすいヒルベルト曲線について説明しましょう。

ヒルベルト曲線の不思議

図120
ダビット・ヒルベルト

ヒルベルトは、19世紀の終わりから20世紀前半にかけて活躍した、ドイツ生まれの数学者です。

彼は、代数学、解析学、幾何学、数学基礎論、物理学など多岐にわたる領域において、基本的かつ本質的なアイディアを提示したことで指導的な役割を果たしました。1900年、パリで開かれた国際数学者会議において、有名な「ヒルベルトの23の問題」を発表し、その後の数学界の方向性を決めた人物です。

彼が考案したヒルベルト曲線の構成は、とてもシンプル

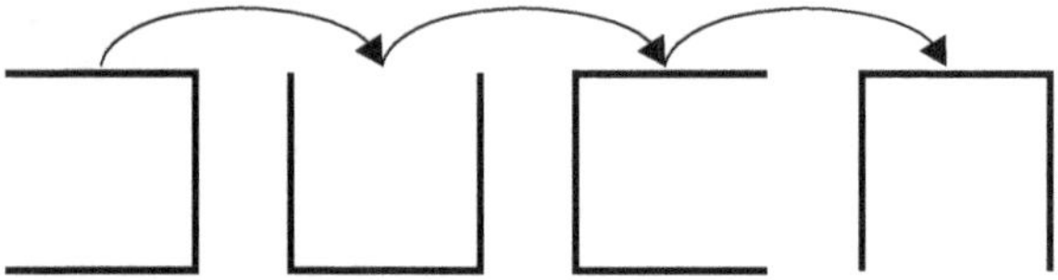

図121 「コ」の字を転がす

です。カタカナの「コ」の字を用意して、コロコロ転がしたような図形を考えるのです（**図 121**）。

ヒルベルト曲線の第1段階は、「コ」です。これが、段階を追って複雑になっていきます。

図 122 を見てください。目の検査のようですが、「コ」の字が空いている方向は——左ですね。

次に、「コ」の字をタテ・ヨコ半分の大きさにします。その上で、**図 123** のように、右側に空いている向きが「左」のものを2つ、左上に「上」、左下に「下」となるように配置して、点線の部分をつなぎます。これで、第2

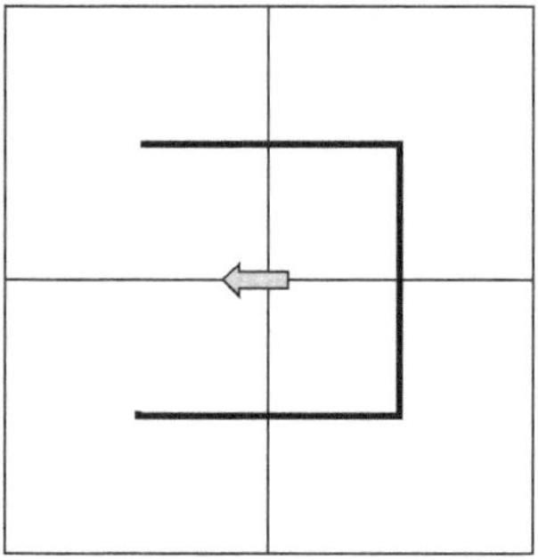

図122 「コ」の字からスタート！

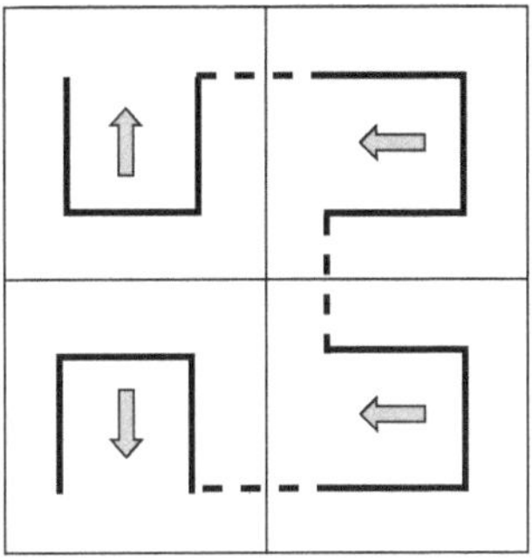

図123　第2段階

段階のヒルベルト曲線のできあがりです。冒頭でヒントになっていた図ですね。全体の箱（正方形）の大きさには変わりありません。

さらに、この第2段階の図形をタテ・ヨコ半分に縮小して、同じく右側に「左左」、左側に「上下」として配置し、同じように点線のところをつなぎます（**図124**）。

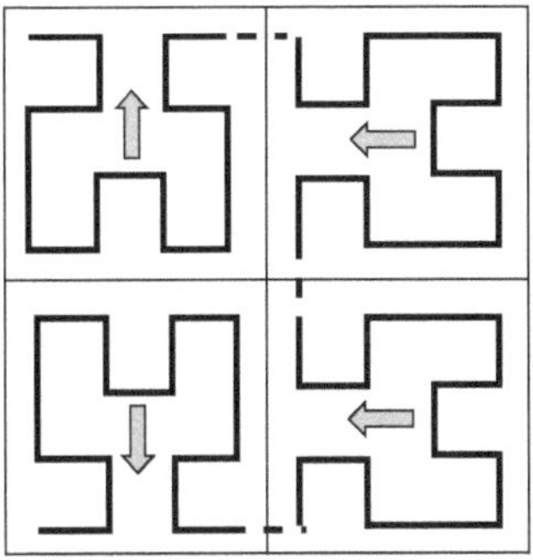

図124　第3段階

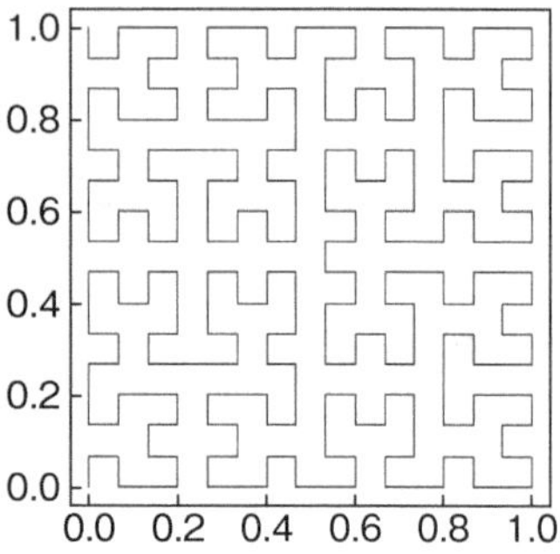

図125　第4段階

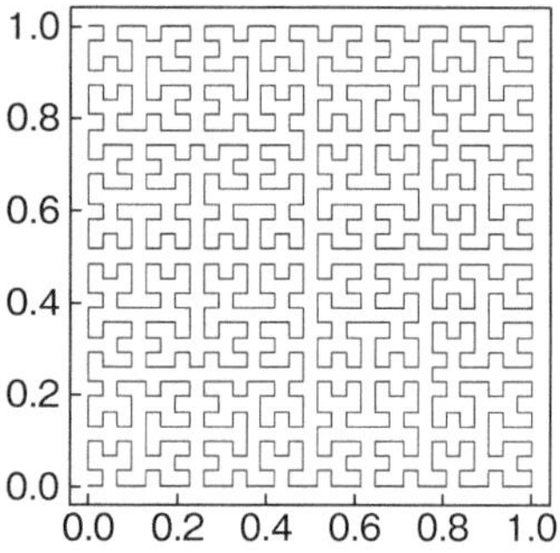

図126　第5段階

これが第3段階。この調子で、曲線をどんどん細かく折りたたんでいきます。なお、ここから先の図は、プログラムを使って描きました（図125～128）。

第6段階くらいになると、眩暈がしてきそうです。

第8段階になると、ほとんど真っ黒。もう何がなんだか分かりません。

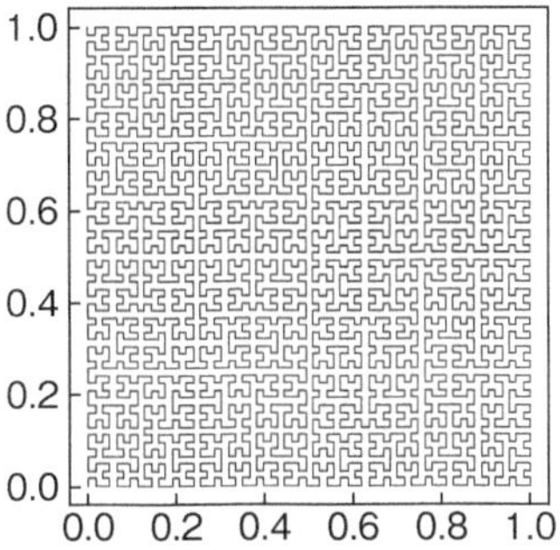

図127　第6段階

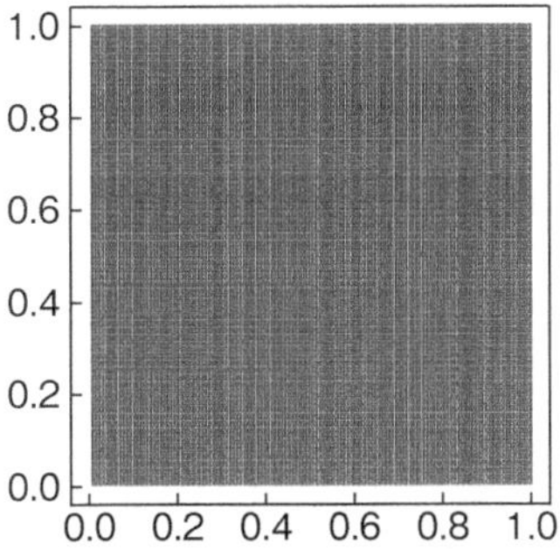

図128　第8段階

ともあれ、このようにして曲線を無限に細かく折りたたんでいけば、しまいには正方形全体を埋め尽くすことができることは分かります。

つまり、**図 129** は曲線です。**ヒルベルト曲線とは、この正方形のこと**なのです。

図129　ヒルベルト曲線！

4 進数による証明

気になる人のために、「直線（線分）と正方形＝ヒルベルト曲線の間に、1 対 1 の対応がついていること」の証明も記しておきます。

まず、線分 [0, 1]（0 から 1 までの数全体）のそれぞれの数字（もちろん無限にたくさんある）を 4 進数で展開します。

4 進数はあまり馴染みがないかと思いますが、難しく考えずに、「(0 から 1 までの）線分を、**図 130** の上のように 4 つに区切って考えること」だと思ってください。「$\frac{1}{4}$の範囲」「$\frac{1}{4}$から$\frac{2}{4}=\frac{1}{2}$までの範囲」「$\frac{2}{4}$から$\frac{3}{4}$までの範囲」「$\frac{3}{4}$から$\frac{4}{4}=1$までの範囲」を、図 130 の下の図のように、線を伸ばしながら正方形に対応させていきます。これは 4 進数で言うと、小数第 1 位の数すべてを対応させたことになります。

次に、正方形を 4×4 のマス目に区切って、**図 131** のように折れ線を埋め込んでいきましょう。

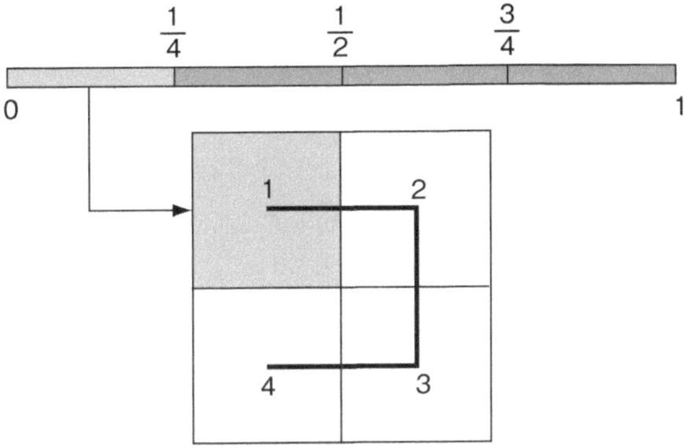

図130　ヒルベルト曲線と線分の対応（第1段階）

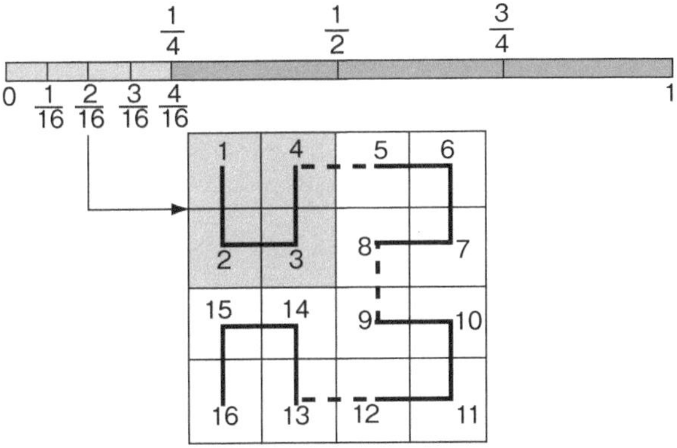

図131　ヒルベルト曲線と線分の対応（第2段階）

こんどは、0から$\frac{1}{4}$までをさらに4つに区切り、「$\frac{1}{16}$」「$\frac{2}{16}$（$=\frac{1}{8}$）」「$\frac{3}{16}$」「$\frac{4}{16}$（$=\frac{1}{4}$）」までを、それぞれ、1、2、3、4の番号をつけたマスに埋めます。次に5、6、7、8にも「コ」の字を書きますが、4と5の部分、

つまり、直線で言うところの、$\frac{4}{16}$から$\frac{5}{16}$もつないでいきます（点線）。以下同様にして、9、10、11、12、13、14、15、16に折れ線を書き込んでいきます。

これで、0から1までの線分を4進数で表現したとき、小数第2位までの数に対応させることができました。

このようにして、曲線の長さをどんどん伸ばしていきます。この操作をさらに細かく、正方形を8×8、16×16、32×32、……、として、同じように0から1までの線分と対応をつけていくのです。8×8のマス目は小数第3位まで、16×16のマス目は小数第4位まで、32×32のマス目は小数第5位まで……というように。これを無限に繰り返していけば、しまいには正方形全体を埋め尽くすことができるはずだ、というわけです。

つまり、「直線の連続な像」という曲線の定義に従った場合、「正方形は曲線の仲間である」ということになってしまうのです（ただし、ヒルベルト曲線は無数の自己交叉を持ちます）。

現在では大学の数学の講義において、曲線は次のように表現されます。「Mをハウスドルフ空間とする。Mの各点が一次元ユークリッド空間（実数全体）の開集合と同相な近傍を持つときMを曲線（1次元位相多様体）と呼ぶ」。

こんな面倒な定義になってしまう理由は、もうお分かりいただけますね。そう、「正方形が曲線の仲間に入ってしまう」というような奇妙なことが起こらないようにするためです。

これは、曲線の定義に限った話ではありません。数学では、定義するときにやたらと細かい仮定を置きますが、じつはそれも深い数学的事情があってのことなのです。今回お話ししたことは、「曲線を数学的に定義するにはどうしたらよいか」という問いに対する、数学者の試行錯誤の物語でもありました。

パロンドのパラドックス

1月18日

問題：2人のプレーヤーがそれぞれ100ドル持ち、次のゲームを行う。このとき、ゲームAとBを混ぜて行うと、勝敗はどうなるか。

ゲームA

48%の確率で、所持金が1ドル増える。

52%の確率で、所持金が1ドル減る。

ゲームB

所持金が3の倍数になっているとき、勝率は1%である。

それ以外では勝率85%である。

勝つと1ドル増え、負けると1ドル減る。

ゲームAは、もちろん負ける確率が高い。ゲームBは、$\frac{1}{3}$の確率で所持金が3の倍数になる。このときはほぼ確実に負けで、$\frac{1}{100}$の確率でしか抜け出せない。$\frac{2}{3}$の確率で85%勝てるが、こんどは勝ちが続くから、また所持金は3の倍数になってしまう。だからゲームBも負ける確率が高いだろう。ゲームAとBはどちらも負ける確率のほうが大きい。したがって、この問題の答えは当然、「負ける」だ。

負けるゲーム＋負けるゲーム＝勝つゲーム？

不利なゲームをいくら組み合わせたところで、不利であることに変わりはない。そう思うのは自然です。

ところが、マドリード・コンプルテンセ大学で物理学を教えるユアン・パロンド教授はこれに異を唱えました。

負け越すはずの2つのゲームA、Bを組み合わせると、勝ち越すゲームにすることができるというのです。ゲームAだけを続けると負け越し、同様にゲームBだけを続けると負け越すにもかかわらず、この2つをうまく組み合わせるだけでゲームに勝ち越せるようになる、と。にわかには信じがたいことですね。

話を整理すると、ゲームAは、以下のようなルールになっています。

ゲームA

48％の確率で、所持金が1ドル増える。

52％の確率で、所持金が1ドル減る。

わずかではありますが、どう見ても負け越す可能性の高いゲームです。偶然の支配するゲームでは、わずかな確率の違いがのちのち大きな影響を持つからです。

では、ゲームAを400回続けたとき、所持金の推移がどうなるかを見てみましょう（**図132**）。勝てる確率が48％あるおかげでしょうか、最初は所持金が増えており、元の所持金を取り返すことさえあります。しかし、ゲームを重ねると、最終的には負けてしまっています。勝つ確率

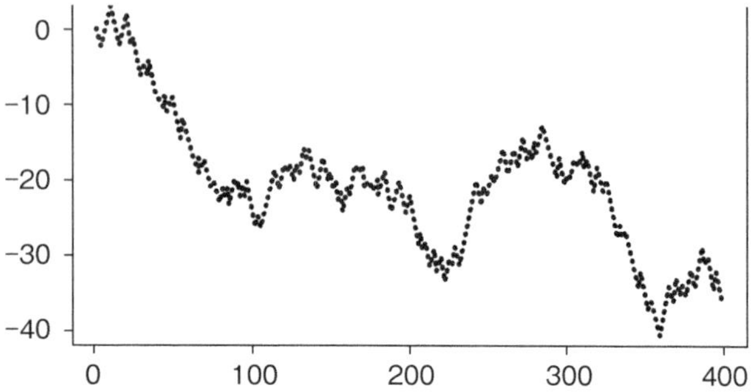

図132　ゲームAの所持金の推移

と負ける確率がそれほど違わないのに、長期的には、ほぼ確実に所持金が減ってしまうようです。

ちなみに、この図を作るのにはコンピュータシミュレーションを使いました。もし他のやり方で試してみたい場合は、たとえば、ほんの少し歪んだコインを使って勝ち負けを決めるなどすればよいでしょう。

一方、ゲームＢはちょっと変わっています。

ゲームB

所持金が３の倍数になっているとき、勝率は1%。
それ以外では勝率85%。
勝つと１ドル増える。負けると１ドル減る。

所持金がいくらか（３の倍数かどうか）によって、勝てる確率が変わるのです。

ゲームＢの勝ち負けの確率を計算するのは、直前の所持金に依存するので少々ややこしいのですが、シミュレーションしてみるとだいたいの感じはつかめます。**図133**をご覧ください。これはゲームAと同じく、400回ゲームをしたときの所持金の推移を表したものです。所持金が3の倍数でないうちは、85％の確率で勝つことができます。

たとえば、直前の所持金が4ドルだったとします。これは3の倍数ではありませんから、85％の高い確率で勝てます。このときにゲームBをすると、(85％の確率で)所持金は5ドルに増えるでしょう。所持金が5ドルの場合も3の倍数ではないので、やはり85％で6ドルに増えます。

しかし、所持金が6ドルになると、これは3の倍数ですから勝てる確率はわずか1％にすぎないため、ほとんど確実に負けて所持金は5ドルに減るでしょう。面白いことに、ここで振動現象が起こります。つまり、「1ドル増えて1ドル減る」という動きが単調に繰り返されるわけ

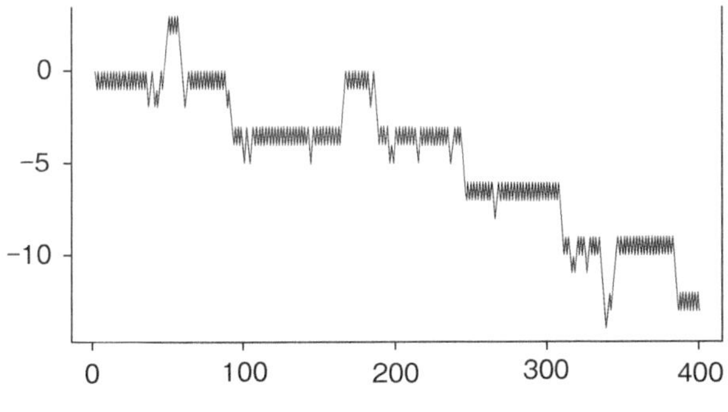

図133　ゲームBの所持金の推移

です。図133で、この現象を見て取ることができます。

ただ、ときどき偶然勝ちが続いたり負けが込んだりして、この振動現象のサイクルから抜け出すことがあります。しかし、掛け金が減るほうが高確率なので、所持金はじわじわ減っていく、という仕組みなのです。

以上で、ゲームAとBそれぞれの詳細は分かりました。問題は、「ゲームAとBを組み合わせたときに、勝敗を変えることができるのか？」ということです。

■組み合わせるとどうなるか

ここで話を整理するために、ゲームAとBのルールを樹形図にまとめてみましょう（**図134**）。

先ほど見たように、ゲームAとB、どちらのシミュレーションでも、最後には所持金が減っていました。この不利なゲームに、パロンド教授はどのような秘策を考えついたのでしょうか。

驚くべきことに、彼のアイディアは「50％の確率でゲームAを行い、50％の確率でゲームBを行う」というものでした。ゲームAとゲームBを、確率半々で切り替えて行う。ただそれだけで、所持金が増える（傾向にある）ゲームにすることができる、と言うのです。

パロンド教授のアイディアによれば、どちらのゲームをするかは確率次第、ということになります。確率は半々ですから、回数が増えれば、どちらかのゲームを続けることはほとんどありません。たとえば先ほどのシミュレーションと同様にゲームを400回行うとすれば、ゲームAを

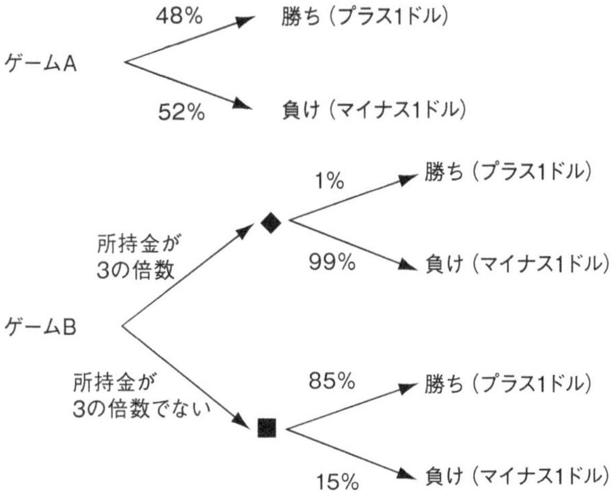

図134　ゲームAとゲームBのルール

200回行い、残りの200回はゲームBをプレイすることになるでしょう。

とはいえ、元々どちらも損するゲームなのですから、それを確率半々でスイッチしたところで、所持金が増えるとは思えません。本当に大丈夫でしょうか。

さっそくコンピュータの助けを借りて、シミュレーションしてみましょう。400回ゲームをさせて、先ほどのゲームAとゲームBの結果と並べてみたものが**図135**です。

ゲームAとBを組み合わせた結果は、図135の一番上の線（ゲームC）ですが――たしかに勝ち越しています！

しかも、ギリギリでプラスになっているのではなく、所持金がどんどん増えているではありませんか。

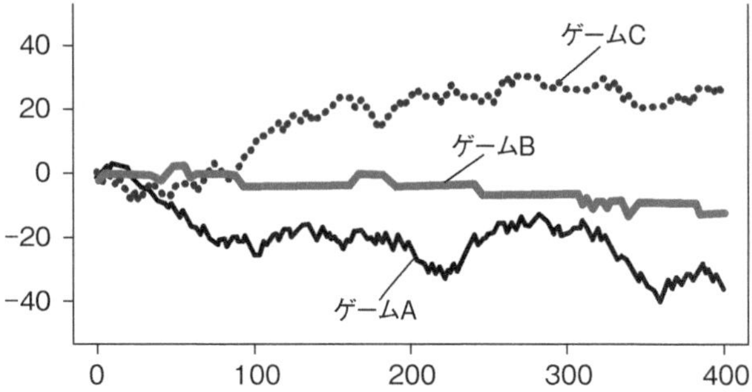

図135　負け越しゲーム2つを組み合わせると勝ち越せる

やっていることは、ゲームのスイッチだけのはずです。いったい、どういう仕掛けなのでしょうか。

先ほど、ゲームの状況を図134の樹形図で確認しました。しかし、樹形図で把握できるのは、「ゲームをやらせてみたらこうなった」ということだけです。ゲームAとゲームBを組み合わせたら、なぜ勝てるようになるのかまではわかりません。なぜなら、ゲームが「動いている」からです。

そこで、ゲームの回数をどんどん増やして、「しまいに落ち着くところ」(これを定常状態と言います) を考えてみることにしましょう。

ゲームA、B、Cそれぞれの変化は、**図136**のような状態遷移図で表すことができます。ここでは、A、B、Cすべてについて、3で割った余りの変化と確率を矢印にして表しています。

状態遷移図の見方を説明しましょう。ゲームAもゲー

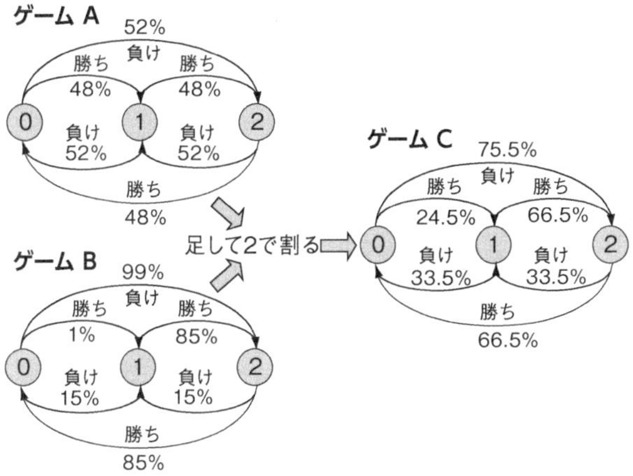

図136　ゲームの状態遷移図

ムBも見方は同じですが、どちらかと言うと分かりづらいゲームBの見方を解説します。

ゲームBでは、所持金を3で割った余りが0のとき、勝てる確率は1%しかありません。そして、勝てば所持金は1ドル増えるので、所持金を3で割った余りは1になります。これが0から1に伸びる矢印で、下に1%と書かれている意味です。

こんどは、所持金を3で割った余りが2である場合を考えましょう。このとき、所持金は3で割り切れないので、85%の確率で勝つことになります。すると、所持金は1ドル増えて、所持金を3で割った余りは0になってしまいます。これが2から0に伸びる矢印の意味です。

ここでは勝った場合だけ説明しましたが、負けた場合も同様です。このように、現在の状態が次の状態に変化する確率に影響するものを、確率論の言葉で「マルコフ連鎖」と言います。

ゲームCの状態遷移図は、ゲームAとゲームBの状態遷移の確率を足して2で割ることによって作ることができます。

この状態遷移は1回のゲームでの変化を表していますが、これを100回、200回、……と増やしていくと、余りが0、1、2それぞれになる確率はどうなるでしょうか。**図137～139**は、最初の状態0、1、2の割合を1：5：8として状態遷移を200回繰り返したときの0、1、2の割合の変化です。

なお、ここで最初の状態0、1、2の割合を1：5：8としたことに特別な意味はありません。やや極端な比率のほうが変化が大きく見えるのでこの比率を選びましたが、別の比率でもかまいません。シミュレーションすると、最初こそやや違う振る舞いを示しますが、最終的には同じ比率に収まるからです。

■ なぜ勝てるのか？

ゲームA、B、Cの状態変化を見ていくと、近づき方のスピードに差はあるものの、所持金を3で割った余りが0、1、2になる割合について、だんだんと一定に近づいていくことが分かりますね。この「一定の割合」を表にしてみましょう（**表8**）。

ゲームAでは、どの余りになる確率も同じく33.3％

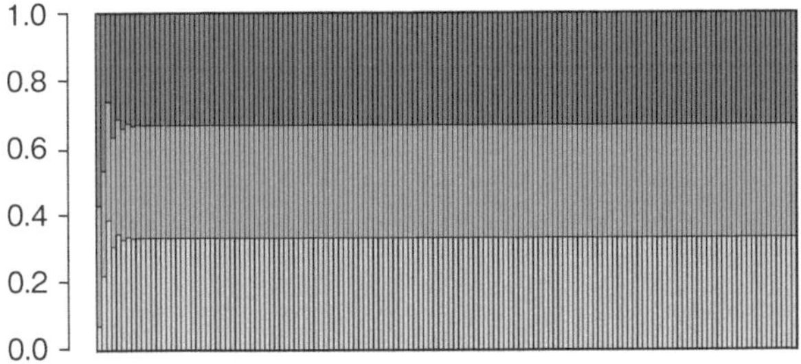

図137　ゲームAを繰り返したときの状態の変化

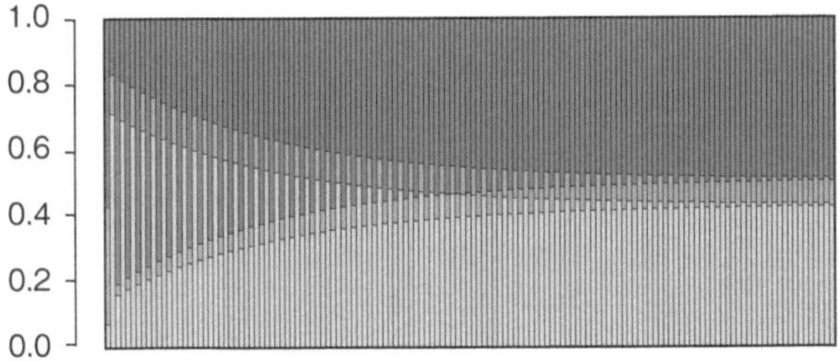

図138　ゲームBを繰り返したときの状態の変化

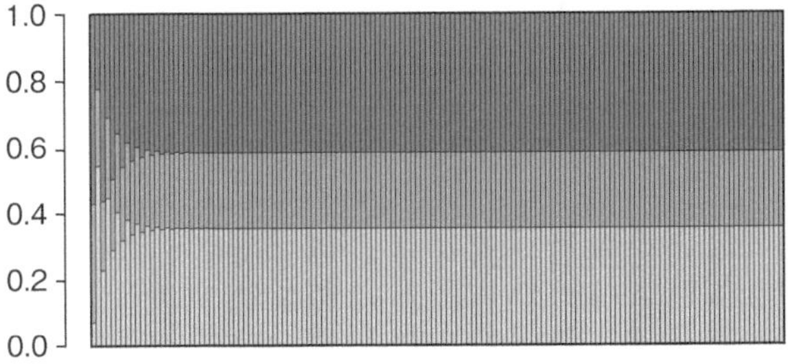

図139　ゲームCを繰り返したときの状態の変化

表8　定常状態と期待金額

	余り0	余り1	余り2	次のステップの期待金額
ゲームA	33.3%	33.3%	33.3%	－0.03996ドル
ゲームB	43.0%	7.8%	49.2%	－0.0224ドル
ゲームC	35.4%	22.7%	41.9%	0.16362ドル

（$\frac{1}{3}$）です。ゲームBでは、余り0が43.0%、余り1が7.8%、余り2が49.2%になります。ゲームCでは、余り0が35.4%、余り1が22.7%、余り2が41.9%の割合に近づいていきます（定常状態）。じつはここがポイントですが、ゲームCの定常状態は、ゲームAとゲームBを足して2で割ったものにはなっていないのです。

ゲームが有利か不利かを判別するために、定常状態から次のステップでの期待金額を計算してみましょう。すると、ゲームAとBでは期待金額がマイナスになるのに対して、ゲームCではプラスになっていることがわかります。**図140**にあるように、ゲームA、B、Cのいずれも、所持金が3の倍数のときに勝てる確率p_1と、3の倍数でないときに勝てる確率p_2のペアp_1、p_2を所定の値にすることで、勝ちが実現できるのです。

p_1とp_2、それぞれの確率に対する期待金額を計算して、期待金額がプラスになる領域（勝ち領域）とマイナスになる領域（負け領域）を色分けします。

図141の上側（白い部分）なら勝ち、下側（灰色の部分）なら負けです。「図141の上側に入っているか、下側に入っているか」で、勝敗が一目瞭然になりました。

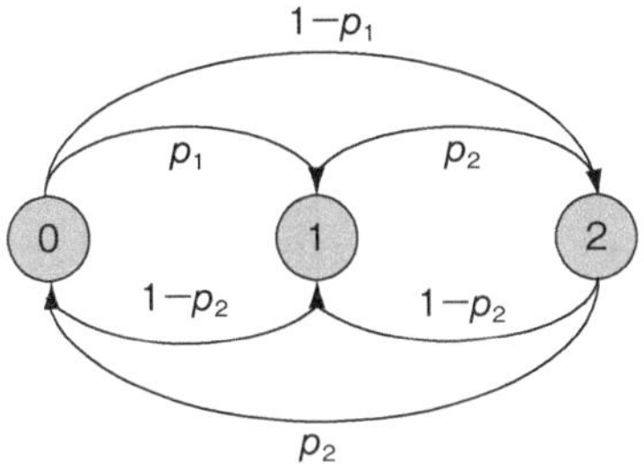

図140　一般の状態遷移図

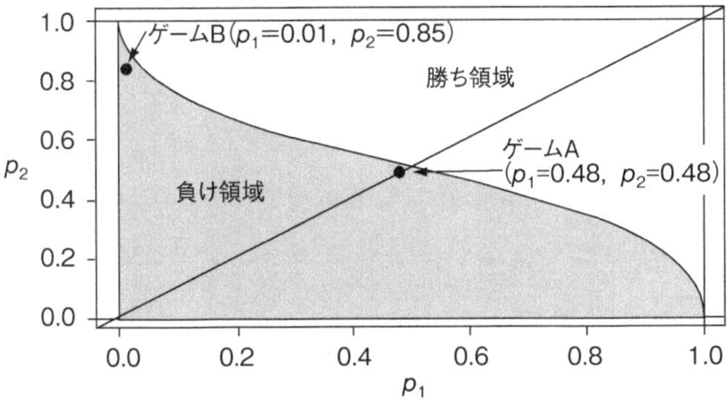

図141　ゲームBの勝ち領域と負け領域

図141で見たように、ゲームAの結果は$p_1=p_2=0.48$（48％）のところになります。同様に、ゲームBは$p_1=0.01$（1％）、$p_2=0.85$（85％）です。ゲームAとBは、やはりどちらの黒丸も負け領域にありますね。

この2つのゲームを「所定の比率でブレンドしたとき」のp_1、p_2は、この2つの黒丸をつないだ線分の上にあるはずです。

> ゲームC（所定の比率 t でブレンドしたもの）
>
> ○ゲームBにおいて、所持金が3の倍数のときに勝つ確率が $tp+(1-t)p_1$
>
> ○ゲームBにおいて、所持金が3の倍数でないときに勝つ確率が $tp+(1-t)p_2$

元のゲームCの比率はAとBのちょうど半々なので、**図142**のように表されます。ゲームCは、たしかに勝ち領域の中に入り込んでいます！「不利な2つのゲームから有利なゲームを作り出すことができる」というアイディアは、本当だったのです。

じつは、ゲームBの負け領域の形にへこんだ部分があることによって、こうした意外なことが起きます。これこそが、パロンドのパラドックスのからくりです。

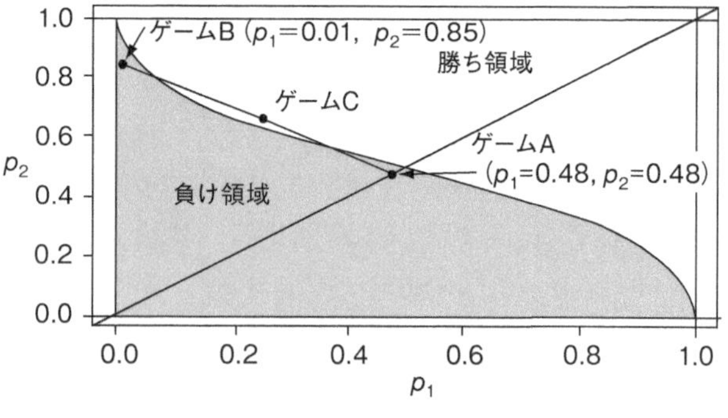

図142　パロンドのパラドックスのからくり

パロンドのパラドックスが提示されて以来、「不利なゲームを組み合わせて有利なゲームを作る」例がいくつも示されるようになりました。一見、不利に見えるゲームでも、意外な抜け道があるものですね。

モンティ・ホールの穴

1月23日

　行きつけのバーで、ちょっとした余興に参加した。

「この3つの箱のどれか1つだけに、ウイスキーが入っています。残り2つは水です。どの箱になさいますか」とのこと。

　私は3番目の箱を選んだ。マスターが耳打ちする。

「特別に教えますけれど、1番目の箱に入っているのは水です。箱を変えてもかまいませんよ」

　最初から当たりは決まっているのだから、変えても変えなくても同じ。確率は50%だ。水は2つあるのだから、私がウイスキーを当てていてもいなくても、マスターは水のある箱を開けることができる。特別に教えてくれるというと悪い気はしないが、私にとって何も情報が増えたことにならない。だから、一度選んだ箱を変える必要はないのだ。

　数学的には明らかなのだが、あえて客を迷わせるのも一興、ということなのかもしれない。

数学者も間違えた！

モンティ・ホールが司会を務めるアメリカのゲームショー番組「Let's make a deal」の中で、こんなゲームが行われました。

あなたの前に3つのドアがあります。1つのドアの後ろには新車があり、残り2つのドアの後ろにはヤギがいます。新車のドアを当てることができれば景品の新車がもらえますが、ヤギのときは何ももらえません。そういうゲームです。

あなたが1つのドアを選択すると、そのあと、モンティが残りのドアのうち1つを開けてヤギを見せてくれます。ヤギは2匹いるので、あなたが最初に選んだドアが当たりでもハズレでも、残り2つのドアのうち、少なくとも1つの後ろにはヤギがいる、というわけです。

たとえば、あなたが最初にCのドアを選んだとしましょう（**図143**）。モンティがヤギのいるドア（ここではBとしましょう）を開けて見せてくれます。すると、新車はAかCのどちらかにあることになります。

このとき、あなたならどうしますか？　AとCのどちらに新車があるかは五分五分なので、どちらを選んでも結果に違いはないと思いますか？　それとも、ドアを変更するほうが当たる確率が高まるでしょうか？

みなさんもうご承知のとおり、冒頭で紹介されたゲームは、この「モンティ・ホール問題」が元になっています。

じつは、モンティ・ホール問題は、アメリカで大論争を

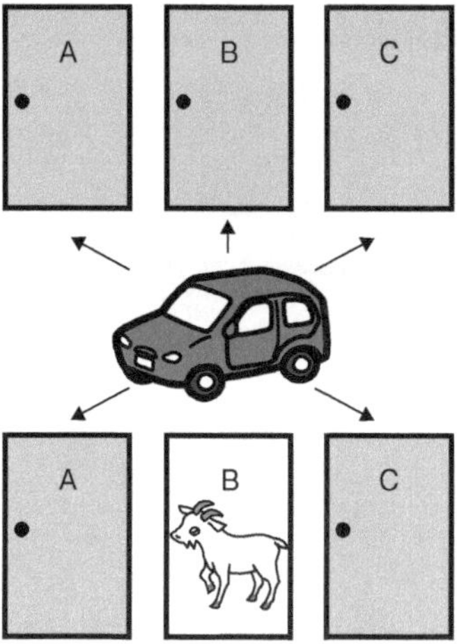

図143　モンティ・ホール問題

巻き起こしたいわくつきの問題でもあるのです。

元を辿ると、ある雑誌の「マリリンにおまかせ」という連載コラムに、読者からの質問として寄せられた問題でした。回答者は、マリリン・ボス・サヴァントという有名な女性です。彼女は、ギネスブックに「最も高い知能指数（IQ）を有している」と認定されています。彼女の正確なIQについては論争がありますが、ギネスブックではIQ228という値が採用されました。

そんなマリリンの答えは明快で、「ドアを変更したほうがよい」というものでした。「ドアを変更したほうが、車をもらえる確率が2倍になるから」という理由です。

ところが、これに対して、「マリリンの解答は間違っている！」という投書が相次ぎました。「ドアを変えても、車がもらえる確率に変わりはない。変えても変えなくても、その確率は50％のはずだ」というのが反論者の主張です。投書した人の中には1000人近い博士が含まれており、中には数学者もいました。彼らはマリリンを罵り、間違いを認めろ、と迫りました。

言われてみると、たしかにドアを変更しようがしまいが、最初から車のある場所は決まっているのですから、マリリンの主張が間違っているような気がしてきます。いったい、どちらが正しいのでしょうか。

まずは、この問題をシミュレーションしてみましょう。3つのドアのうちの1つを選び、残りのドアのうち1つがヤギであることを確認してから、「必ずドアを変更した場合」と「最初の選択を貫き通す」の2通りについて、100回のシミュレーションを行います。その上で、当たった割合を調べてみることにします。

結果は、**図144**のようになりました。横軸はゲームの回数、縦軸が車をもらえた回数です。最初の何回かはドアを変更しないほうが優勢ですが、途中からドアを変更したほうが優勢になっています。車をもらえた回数は、100回目までの累計では、ドアを必ず変更した場合が63回、ドアを変更しなかった場合が37回でした。ほぼ倍です。

とはいえ、たったの100回では信憑性がないかもしれないので、こんどは10万回やってみましょう。結果は、つねにドアを変更した場合、車をもらえたのは6万6728回。つねに変更しなかったときは、3万3272回でした。たしかにマリリンの言った通り、確率が倍になっているの

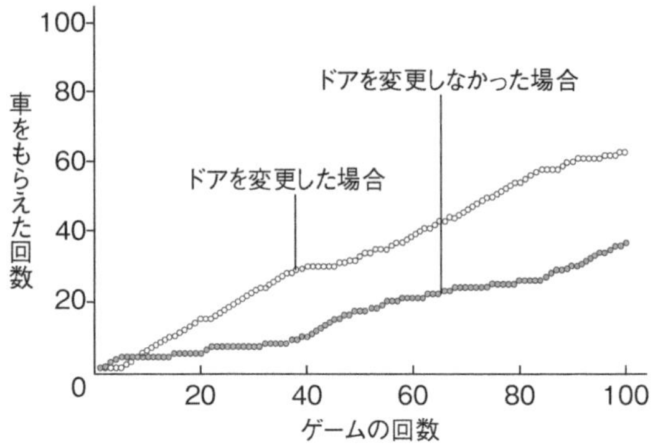

図144 モンティ・ホール問題100回のシミュレーションの結果

です！

さすが、世界最高の知能指数を誇るだけのことはありますね。それにしても、なぜこのような結果になるのでしょうか。

■ 状況を整理してみる

原因を探るため、50％の確率でドアを変更した場合について調べてみました。やはり10万回のシミュレーションです。最終的な結果は、10万回のうち、車をもらえたのは4万9769回、もらえなかったのは5万231回でした。ほぼ半々の確率です。ということは、**この問題のポイントは、つねにドアを変更するというところにある**ようですね。

もし、モンティが後になってヤギのいるドアを開けないのであれば、車を引き当てる確率は$\frac{1}{3}$になります。これ

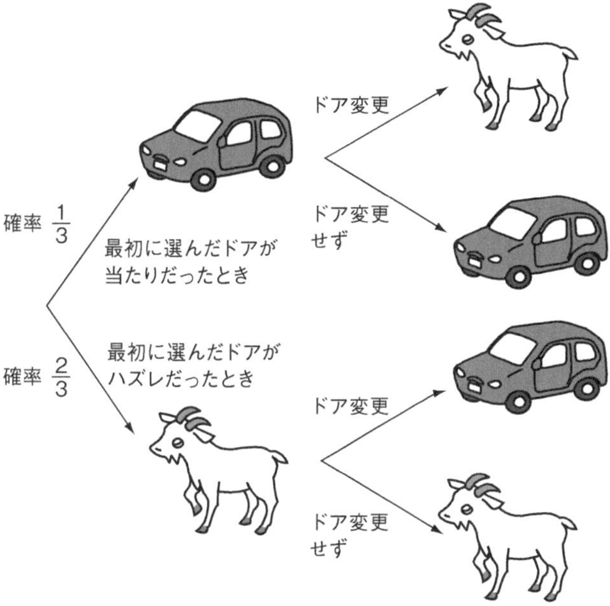

図145　モンティ・ホール問題の状況を整理する

には何の不思議もありませんね。

問題は、その後です。モンティがドアを開け、ヤギのいるドアを教えてくれます。この段階で「新しい情報が手に入る」のです。

場合分けして考えるため、いつものように樹形図を作ります。**図145**を見てください。

まず、最初に車を引き当てる確率は$\frac{1}{3}$です。このとき、ドアを変更すればハズレになり、変更しなければ車をもらえることになります。最初にドアを選んだとき、ハズレを引いている確率は$\frac{2}{3}$です。このときは、モンティがドア

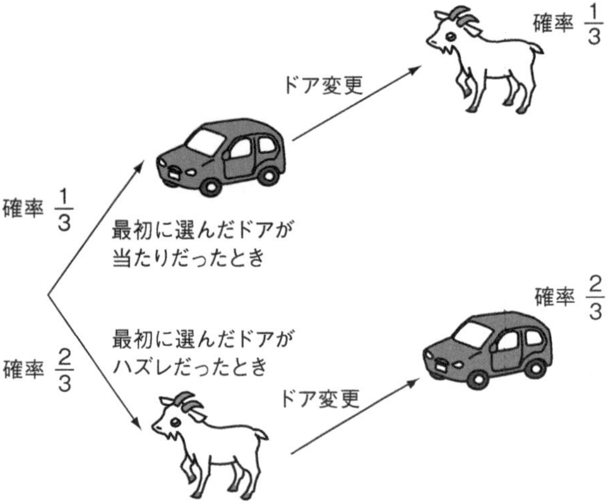

図146　つねにドアを変更した場合

を開けたとき、ドアを変更すれば確実に当たることになります。ここがポイントです。

モンティがドアを開けたとき、必ずドアを変更することにすれば、確率$\frac{1}{3}$でハズレになり、確率$\frac{2}{3}$で車がもらえます。必ずドアを変更すると決めている場合、最初に選んだドアがハズレのとき、確実に

ハズレ⇒当たり

となり、最初のハズレの確率$\frac{2}{3}$がそのまま当たりに引き継がれるのです（図146）。

一方、ドアを変更しない場合、車が当たっている確率は3分の1のままです（図147）。

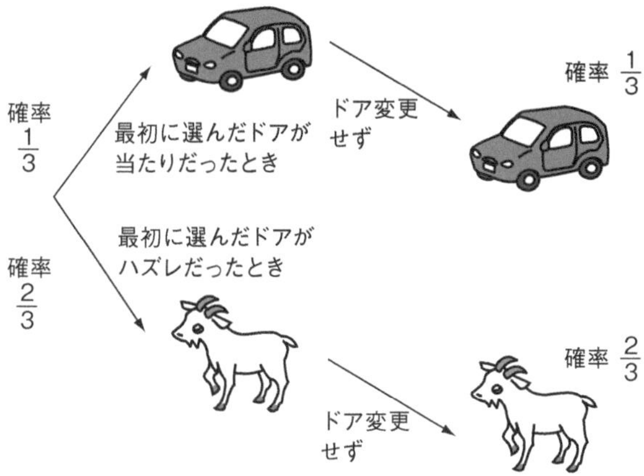

図147　ドアを変更しないとき

次に、確率50%でドアを変更する場合はどうでしょうか。この場合の樹形図を、**図148**に示します。

このときは、最初の段階で、確率$\frac{1}{3}$で車を引き当てています。この場合は、ドアを変えなければ車がもらえます。その確率は、

$$\frac{1}{3}\times\frac{1}{2}=\frac{1}{6}$$

になります。最初に選んだドアがハズレである確率は、$\frac{2}{3}$です。このときは、ドアを変更すれば車がもらえるので、車がもらえる確率は両者を掛け算して、

$$\frac{2}{3}\times\frac{1}{2}=\frac{1}{3}$$

となります。結局、車がもらえる確率は、両方の場合の確率を合計して、

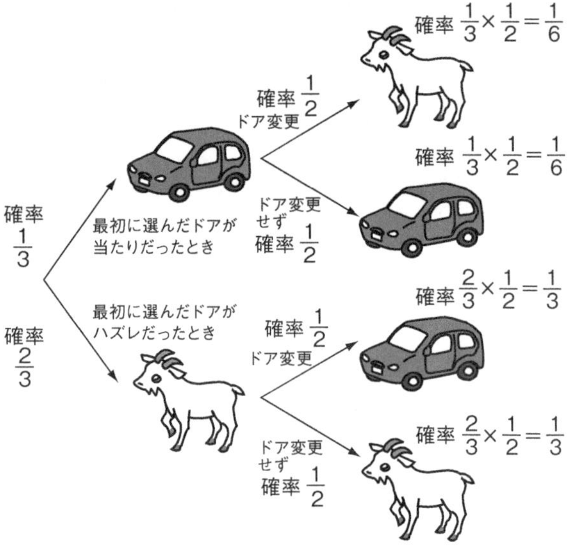

図148　確率50％でドアを変更する場合

$$\frac{1}{6}+\frac{1}{3}=\frac{1}{2}$$

になります。シミュレーションの結果と、ぴったり一致していますね。それぞれの場合を整理して考えれば、奇妙なことは何も起きていないのが分かります。

この問題の不思議な点は、最初に問題を聞いたときの「確率五分五分」という直感が、後々までしつこく残ってしまうところです。マリリンに反論した数学者たちは、第一印象にとらわれた結果、真実が見えなくなってしまったのでしょう。モンティ・ホール問題においても、直感に頼るのは良いことではなかったようです。

かぞえられない物語

3月3日

満天の星空だ。星々を眺めていると、自分の悩みなど些細なことに思えてくる。いったい、どうしてなのだろうか。

それは、星の数の多さに理由があるのかもしれない。

つまり、次のように感じられるわけだ。「宇宙の星の数は無限である。無限の星の前では、人間は有限の儚い存在。したがって、悩みのように小さなことが気にならなくなる」

無限の宇宙には無限の星々があり、想像しただけで気が遠くなってくる。数えられないほど多いものは、みな等しく無限なのだ。

無限とは何か

たしかに、無限の宇宙という言葉はよく聞きますね。星の数も無限にあるような気がします。天の川、アンドロメダ大星雲、ブラックホール――。

しかし、星の数は本当に数えられないものなのでしょうか？

天文学者によると、現時点では宇宙の星の数は有限だと考えられています。自ら輝く星（恒星）は1000億個の1000億倍（100垓《がい》）あり、地球のように自ら輝かない星（惑星など）は、その10倍以上と見積もられています。多いことは多いですが、いずれにしても有限個です。

では、原子の数はどうでしょう。これは星の数よりは多いですが、やはり有限です。素粒子もしかり。もちろん実際に数えることは不可能ですが、たとえば宇宙の原子の数は、やや大雑把ですが無量大数（諸説ありますが10の68乗）の1溝（10の32乗）倍よりは少ない、と見積もられています。要するに、ほとんど無限に見えるようなものでも、理論上の限界が分かるものは有限なのです。

つまり、数えられないほどたくさんある＝無限という意味ではありません。なぜなら、「数えられる無限」というものがあるからです。もちろん、「数えられる無限＝有限」ではないことは言うまでもありません。

無限とは何か。ややこしい話に思えるかもしれませんが、知恵を絞るに値する重要な話題であることは間違いありません。このテーマは、19世紀終わりの数学界に衝撃を与えたばかりか、現代数学の深い部分に多大な影響を及ぼし続けているのですから。

数えられる無限

子どもが算数の授業で最初に習うこと。それは、数を数えることでしょう。「100まで数えられるよ！」などと自慢している子どもは微笑ましくもあります。

じつは「数えること」は、抽象的な世界の入り口でもあります。りんごがいくつあるか、車は何台、人は何人……。それがりんごであるか、車なのか人なのか、そうした個々の属性を離れて「個数」という概念が存在するというのは、冷静に考えてみるとかなり抽象的なことではないでしょうか。

小学校の算数では、整数の足し算、引き算、掛け算というふうに学習が進んでいきます。少し様子が変わってくるのは、小数や分数を習うあたりでしょう。身長・体重を測ったり、温度計の目盛を読んだりするとき、たとえば、身長130.4 cm、体重34.7 kg、今日の最高気温は25.6度というように、半端な数が登場します。実際にあれこれ測ってみると、目盛と目盛の間にはもっと半端な数もある、ということも分かってくるでしょう。普通のものさしでは1 mmより小さい目盛は振ってありませんが、それでもぴったりということはあまりないからです。本当は、目盛と目盛の間はつながっている。ものさしは、「連続」という概念の象徴なのです。

「目盛を読む」というような作業をすると、小数は割にすんなり理解できますが、分数とセットで考えると、分か

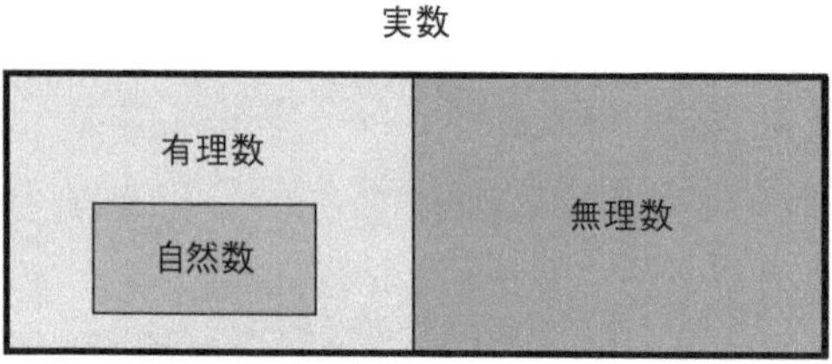

図149　実数、有理数、無理数、自然数の関係

らなくなる子も増えてきます。まして、$\frac{1}{3}=0.333333$……のような数を見たら、混乱しても不思議ではありません。「これを3倍したら1になるはずだけれど、0.999999……で、1にならないような気がする」というような疑問を持った人もいるのではないでしょうか。どうやら、このあたりには魔物がひそんでいるようです。

この節では、いくつかの集合の概念が登場します。はじめに、それらの関係を簡単な図にしておきましょう（**図149**）。

実数とは、ごく大ざっぱに言うと、「無限に長いものさし」だと思って差し支えありません。実数には、有理数と無理数があります。有理数とは分数のことです。

1、2、3、4、……、という番号の全体を自然数と言います。日本では、1以上の整数を自然数と言います[35]。自然数は、「有理数の特別の場合」だと言うこともできます。たとえば5という数字は、$\frac{5}{1}$とも表現できますね。そういう意味で、自然数は有理数の特別な場合なのです。

$\sqrt{2}$や円周率πは、有理数ではありません。有理数でな

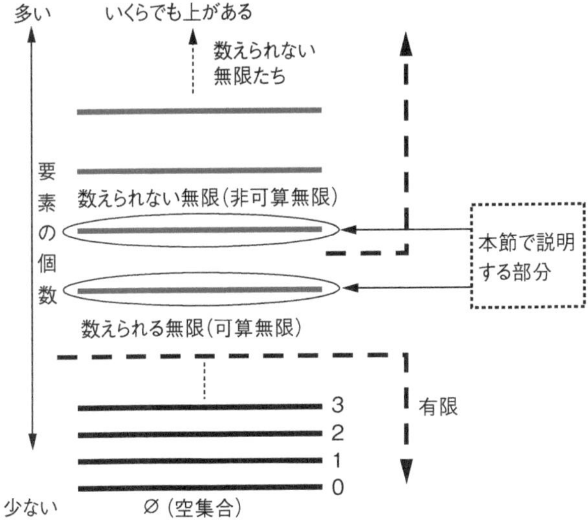

図150　無限界の階層構造

いような数を無理数と言います。

頭の中を整理するために、無限についても図で見てみましょう。

じつは、無限の世界を整理すると、**図150**のような階層構造になっています。無限には、「数えられる無限」と「数えられない無限」の2種類があるのです。大まかに言って、「数えられる無限」の上の階層に、「数えられない無限」が載っているというイメージです。本節では、図150のうち、2つの丸で囲んだ部分を説明します。

さて、無限とは何か。「数えられる無限」と「数えられない無限」とはいったい何なのか、ということが本節の主題です。そこで、まずは「数えられる無限」について考えてみましょう。

何かを数えるときに必要なものは何でしょうか。それは、「番号」です。なぜなら、集合Aが「数えられる」ということは、Aの「すべての要素に、重複なく番号を貼り付けていける」ことを意味するからです。たとえば、偶数の全体2、4、6、8、……に対して、2に1番、4に2番、6に3番、8に4番……というふうに番号を振っていけば、どの偶数にも番号がつくはずです。重複はありません。同じように、奇数の全体も「数えられる無限」です。

分数はどうでしょう。分数の全体[36]は無限にたくさんあることが分かっていますが、数えることはできるでしょうか。「数えられる」とは、先ほどと同様、「分数すべてに番号を貼り付けていくことができる」という意味です。

$\dfrac{3}{5}$という分数を例にとって考えてみましょう。これは、3と5という2つの数字でできていますね。そういう観点から見ると、「2つの整数のペアになっているものが分数だ」と表現できそうです。

では、すべての分数の数を数えるためには、整数のペアの数を数えればよいのでしょうか？

これは、少しだけ違います。たとえば、$\dfrac{3}{5}$は、$\dfrac{6}{10}$や$\dfrac{9}{15}$などと同じものですね。これらはすべて「約分すれば$\dfrac{3}{5}$」になるものですから。したがって、約分して$\dfrac{3}{5}$になる分数はどれも「$\dfrac{3}{5}$と同じ数字」だと見なさなければなりません。

このことに注意して、分数に番号を貼り付けていってみ

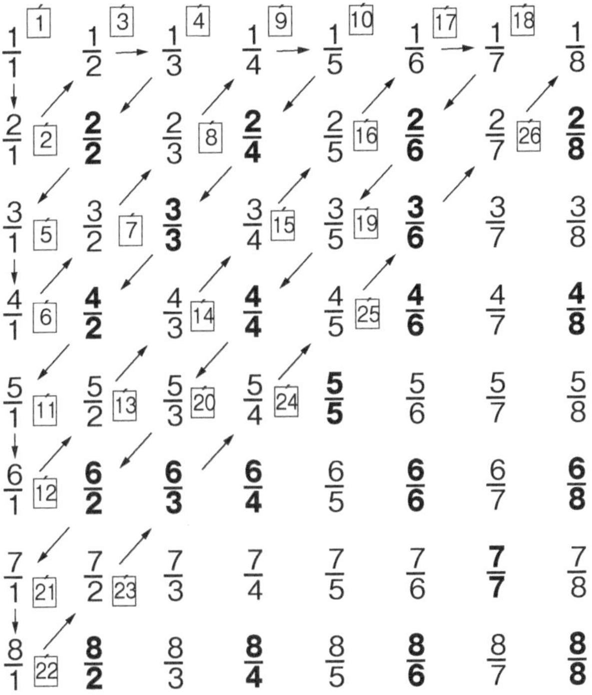

図151　分数に番号を貼り付ける

ましょう（**図151**）。

$1=\frac{1}{1}$から順に、ひとつひとつ番号を貼っていきます。図151は、下に1つ進むと分子が1増え、右に1つ進むと分母が1増えるという仕組みになっています。$\frac{1}{1}$…1番→$\frac{2}{1}$…2番→$\frac{1}{2}$…3番→$\frac{1}{3}$…4番→$\frac{2}{2}$…これは1なので飛ばす→$\frac{3}{1}$…5番というふうに[37]。図151のうち、太字で書いた部分は、すでにその前に番号を貼り付けたものと同じなので飛ばして番号を貼っていきます。

こうして番号を貼り付けていくと、たとえば$\frac{3}{4}$は、15番目の有理数だということが分かります。有理数は、もちろん無限にたくさんあるわけですが、すべての数に番号を貼り付けることはできます。つまり、分数は「数えられる」無限であることが分かります。

数えられない無限

では、次に「数えられない無限」とは何でしょうか。「数えられない無限」について知るために、ここで、

「0と1の間の実数全体は、数えられるか」

という問題を考えてみましょう。

とはいえ、この問題はなかなかの難問で、真正面から立ち向かっても解決できるものではありません。そこで、いったん「数えられる」と仮定してみて、矛盾することが起きるかどうかを試してみましょう。もし何か矛盾点があれば、「数えられる」という仮定に誤りがあることになり、「実数全体は数えられない」と分かるからです。

このような方法は数学の常套手段で、「背理法」と呼ばれています。背理法とは、あることを証明するために、あえてそれを否定してみて矛盾を導き、もとの命題が正しいことを示す証明法のことです。

というわけで、さっそく背理法を使いましょう。

0と1の間にある実数全体を、Aという記号で表します。Aの数字を小数で表して、

$$0.9523222002379875713098194010830985018\cdots$$

のように表しておくことにします（この数字にはとくに意味はありません）。すると、それぞれの桁には、0、1、2、3、4、5、6、7、8、9のどれかが入りますね。途中で切れる小数の場合、切れ目から先は、00000……とゼロが無限にたくさん並んでいるはずです。

背理法を使うために、とりあえず「Aに含まれる数字に、番号を振ることができる」と仮定しておきましょう。つまり、以下のように仮定するわけです。

最初の仮定「**0と1の間の実数全体は、数えられる**」

もし結果的に矛盾が導かれたら、この仮定が誤りであることが分かるでしょう。

さて、番号が振れるものは、番号順に並べることができます。Aの要素を

$$\begin{aligned} 1\text{番目の実数} &= 0.a_1 a_2 a_3 a_4 a_5 \cdots\cdots \\ 2\text{番目の実数} &= 0.b_1 b_2 b_3 b_4 b_5 \cdots\cdots \\ 3\text{番目の実数} &= 0.c_1 c_2 c_3 c_4 c_5 \cdots\cdots \\ 4\text{番目の実数} &= 0.d_1 d_2 d_3 d_4 d_5 \cdots\cdots \\ 5\text{番目の実数} &= 0.e_1 e_2 e_3 e_4 e_5 \cdots\cdots \end{aligned}$$

というふうに並べることにします。a_1とかd_3などには、0から9までのいずれかの数字が入っています。0から9までの数字が書いてあるカードが入っている箱をイメージしてみて下さい（**図152**）。

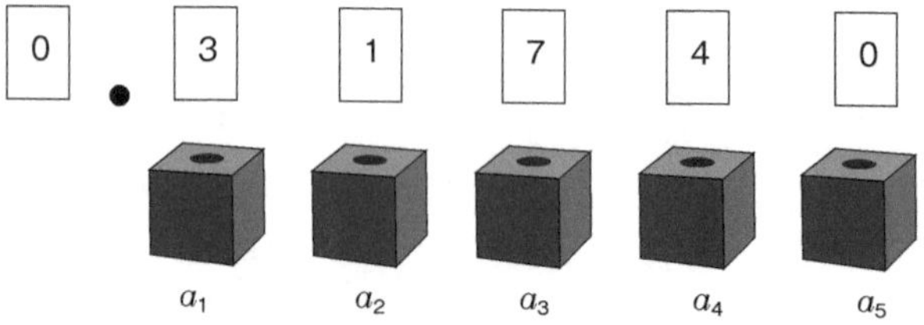

図152　実数を並べるイメージ

なお、図 152 において、a_1 などと記号のままになっている理由は、具体的にどう番号を振るかを書くことが不可能だからです。つまり、1 番目の実数、2 番目の実数……がそれぞれ具体的にどんな数なのかを示すこともできません。したがって、みなさんが数字をはっきり想像できないとしても、それは自然なことです。

このように実数を並べてみた結果、ちょうど対角線にあたるところ（太字）に注目しましょう。

$$1\text{番目の実数} = 0.\boldsymbol{a}_1 a_2 a_3 a_4 a_5\cdots\cdots$$
$$2\text{番目の実数} = 0.b_1 \boldsymbol{b}_2 b_3 b_4 b_5\cdots\cdots$$
$$3\text{番目の実数} = 0.c_1 c_2 \boldsymbol{c}_3 c_4 c_5\cdots\cdots$$
$$4\text{番目の実数} = 0.d_1 d_2 d_3 \boldsymbol{d}_4 d_5\cdots\cdots$$
$$5\text{番目の実数} = 0.e_1 e_2 e_3 e_4 \boldsymbol{e}_5\cdots\cdots$$

a_1 とは異なる 0 ～ 9 の数を 1 つ選んで、x_1 とします。どの数を選ぶかは漠然としていますので、ここでは a_1 が 1 なら $x_1=2$、a_1 が 1 でなければ $x_1=1$ としましょう。同じように、b_2 が 1 なら $x_2=2$、b_2 が 1 でなければ $x_2=1$

とし、c_3が1なら$x_3=2$、c_3が1でなければ$x_3=1$とします。仮に実数を並べたときに、

1番目の実数＝0.**1**4567……
2番目の実数＝0.3**2**491……
3番目の実数＝0.12**5**22……
4番目の実数＝0.324**3**5……
5番目の実数＝0.2154**1**……

のようになっていたとすれば、

$$x=0.21112\cdots\cdots$$

のようにしてxを決めていきます。以下、同じようにx_6以降を決めていき、これを並べて、

$$x=0.x_1x_2x_3x_4x_5\cdots\cdots$$

という数を作ります。すると、どのようなことが起きるでしょうか。

この数はAに含まれなくなります。驚くべきことに。

なぜなら、xがAに含まれるとすると、100番目や1327番目など、とにかくどこかの番号の実数と一致するはずです。しかし、今、xがn番目の実数と一致したとすると、その小数点以下第n位の数字も一致していなければなりません。しかし、xは、そうならないように作ったわけです。なぜなら、ちょうどn番目の実数の小数点以下第n位とは異なる数を、xの小数点以下第n位の数にしたのですから。

というわけで、xは0と1の間の数でありながら、Aの中には入らないことになってしまいます。これは矛盾ですね。

つまり、最初の仮定
「0と1の間の実数全体は、数えられる」
が間違いだったわけです。したがって、集合Aは「数えられない」という結論に達します。

ここで使った論法は、「対角線論法」と呼ばれています。ちょうど対角線になるように要素を取っていくので、この名がつきました[38]。計算機科学でも使われるなど、極めて応用範囲が広い方法です。

実数も有理数も、どちらも「無限に多くある」ことには間違いありません。ですが、有理数は「数えきれないくらいの多さ」であり、実数は「数えられないくらいの多さ」なのです。

実数が可算ではないというこの定理は、「無限が一種類ではない」ことを明らかにした世界で初めての結果でした。

連続体仮設

3月18日

「智に働けば角が立つ。情に棹させば流される。意地を通せば窮屈だ。兎角に人の世は住みにくい」夏目漱石『草枕』より

世の中を見渡すと、もやもやとした世界に思える。何が正しいのか、何が間違っているのかが判然としない。

これに対して、数学はどうか。答えがひとつに決まり、白黒もはっきりしている。曖昧さを許さないところが非人間的で冷たく感じられると言う人もいるが、長大な計算を終えて、ピタリと答えが合ったときの喜びはまた格別だ。証明問題も、論理を追って丁寧に考えていけば、絶対に正しいことがわかる。これはおかしいなと感じられる証明には、必ず反例が見つかる。この上なくすっきりした世界だ。

カントールの発見

いよいよ最終節。フィナーレは、世紀の難問です。

空間充塡曲線の節でお話しした「ヒルベルトの23の問題」。その第1問目に挙げられている「連続体仮設」をご紹介したいと思います[39]。

ドイツで活躍した数学者、ゲオルク・カントールは、1845年3月3日にロシアのサンクトペテルブルクで生まれました。

図153
ゲオルク・カントール

カントールが考えた連続体仮設。それは、

「数えられる無限と数えられない無限の間には、何もない」

というものでした。

図154を見てください。連続体仮設とは、（有理数のような）数えられる無限（可算無限）と、（実数のように）数えられない無限（非可算無限）の間に、「ほどほどに多い無限は存在しない」という仮設なのです。なお、このほかに「一般連続体仮設」というよく似た名前の仮設があり、それは「もっと上の階層でも同様に、それぞれの階層の間には何もない」ということを意味しています。

集合の濃度

さて、カントールは、なぜ連続体仮設のような考えに至ったのでしょうか。まずは前節の内容と、前提になる知識を確認しましょう。

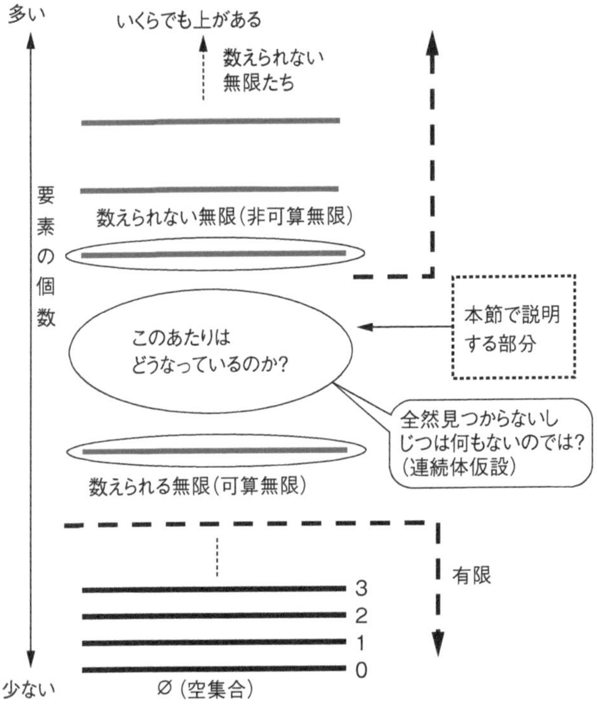

図154　連続体仮説

前節（かぞえられない物語）で、「実数は数え切ることができない」ことが分かりました。すべての実数に、ひとつひとつ番号を振ることはできないのです。実数のように、番号を振れない（多すぎて、番号を振っても振っても足りない）集合を、「非《ひ》可《か》算《さん》集《しゅう》合《ごう》」と言います。

また、「番号を振ることができる」とは、「自然数の集合と、過不足なく１対１の対応がつく」という意味でした。

図151にあったように、有理数の場合、番号（自然数）を1つ選ぶと対応する有理数が1つ決まり、逆に有理数を1つ選べば番号が決まります。たとえば、8番目の有理数は$\frac{2}{3}$であり、これ以外の有理数は8番目ではありません。逆に、たとえば$\frac{3}{5}$という有理数を選ぶと、19番目だということが分かります。これが「過不足なく1対1の対応がつく」という意味でした。

これらを踏まえて、2つの集合AとBの間で1対1の対応がつくとき、2つの集合の「濃度が等しい」と言います。つまり、濃度とは、「個数」の一般化で、記号ではA～Bと表します。**A、Bが有限集合（要素の個数が有限な集合）のときは、両者の要素の個数が等しいときにかぎり、A～Bとなります。**

なお、この場合の「濃度」は、食塩水の濃度のようなものとは違うので注意してください。なぜなら、何パーセントというような比率の拡張概念ではなく、個数の拡張概念だからです。

ただし、個数のように「何個」と数を数えるのではなく、1対1対応（ペアを作る）という考え方の拡張概念です。

少し分かりづらいかもしれませんが、つまり、こういうことです。**図155**には、りんごとみかんが描かれています。りんごとみかんは同じ数あるでしょうか？

なんて子どもっぽいことを訊くのか、りんごが5個でみかんは4個なのだから、個数は違うに決まっている、と答えるかもしれませんね。しかし、まだ数字を知らない

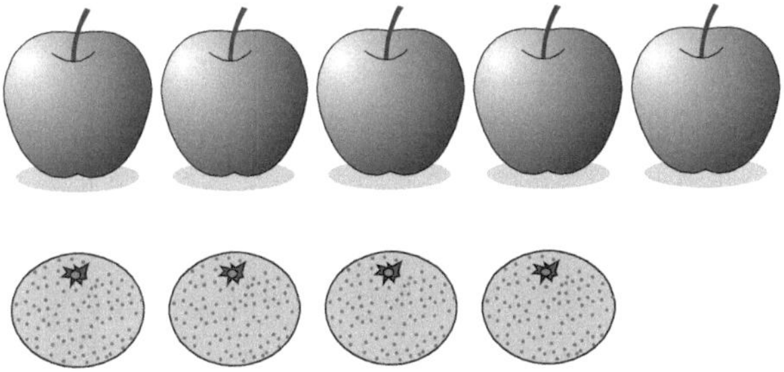

図155　りんごとみかん

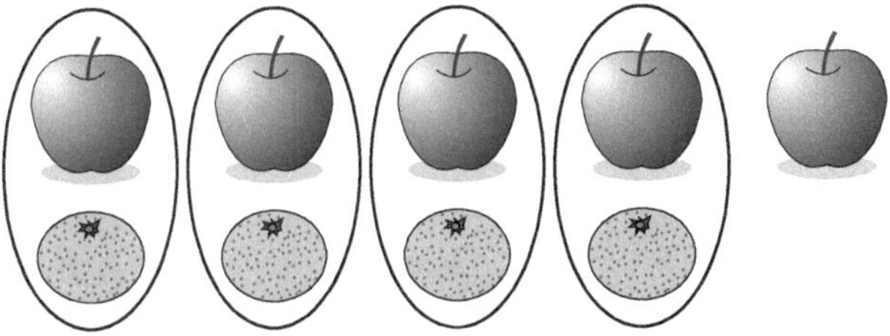

図156　ペアを作る

子どもに、個数の違いを教えたい場合はどうしましょう。数字を知らないのですから、5個と4個だという説明は使えません。

このような場合、りんごとみかんのペアを作る、という説明が有効になるでしょう。

図156のようにペアを作っていくと、どうしてもペアが作れないもの（りんご）が出てきてしまいます。だからりんごとみかんの数は違う、という説明です。集合の「濃度」は、このような「ペアを作る」という考え方を、無限

に拡張したものなのです。

話を元に戻しましょう。濃度という言葉を使えば、「可算集合とは、自然数全体のなす集合と、濃度が等しい集合のことである」というふうに表現することができます。

また、前節で分かった事実により、「自然数全体の濃度と、実数全体の濃度は等しくない」と言い換えることもできるでしょう。単なる「無限に多い」という言い方では、「自然数の多さ」と「実数の多さ」を区別することができませんが、濃度という概念を利用すれば、そのような状態を描き分けられるようになるのです。

ところで、濃度はどのように表現されるのでしょうか？

個数の場合には、たとえば100個とか5678個など、「個」というラベルがつけられていますが、濃度の場合は別のラベルを用います。それは、ヘブライ文字の最初の文字であるアレフ $\aleph$ という文字です。自然数の濃度を $\aleph_0$（アレフゼロ）、実数の濃度を $\aleph_1$、または $\aleph$ で表現します。$\aleph_0$ を「可算濃度」、$\aleph_1$ を「連続体濃度」と呼ぶこともあります。

また、個数という概念には、（りんご3個とりんご5個では、りんご5個のほうが多いというように）大小関係がありますね。じつは、濃度にも大小関係があります。なぜなら、濃度は「個数の概念を一般化したもの」ですから。たとえば、自然数と実数の場合で考えると、自然数は実数に含まれていて、かつ、（前節の事実を踏まえると）両者は等しくないはずです。そこで、「$\aleph_0$ よりも $\aleph_1$ のほうが大きい」と表現することができます。

連続体仮設との格闘

さて、以上で前提知識の確認は終わりました。ここからいよいよ本題、連続体仮設の話に入っていきます。

「可算濃度と連続体濃度の間の濃度を持つ集合はない」

というのが連続体仮設でしたが、

$$\aleph_0 < \aleph_? < \aleph_1$$

となるような濃度は、本当にないのでしょうか。

実数で言えば、たとえば0と1の間には0.5や0.98のような数がありますね。ということは、アレフ0.5のようなものがありえるのか？　それとも、0と1の間には何も存在しないのでしょうか。

可算濃度よりも大きくなりそうな集合があるかどうか、少し検討してみましょう。

有理数の集合は、可算集合でした。しかし、$\sqrt{2}$のような数は有理数ではなく、無理数ですね。そうであれば、無理数を全部追加したらどうでしょうか。

いえ、これはうまくいきません。なぜなら、図149にあるように、無理数＝有理数でない実数なので、これを全部追加してしまうと、実数全体になってしまうからです。

有理数より多くて、実数よりも少ない。このように微妙なさじ加減の集合は、存在するのでしょうか。

「有理数が可算である」ことと「実数全体が可算ではない」ことだけでは、連続体仮設が成り立つとは言えません。カントールは慎重な人ですから、もちろんこれだけで連続体仮設を確信したわけではありません。中間的な集合が本当にないことを確かめるため、日々格闘していました。

カントールが連続体仮設を確信するに至る重要な状況証拠として、(1) 代数的数の全体が可算集合になること、(2) 長さ0なのに実数と同じ濃度を持つカントール集合[40]の存在があります[41]。以下、この2つを簡単に紹介しましょう。

まず (1) から。代数的数というのは、代数方程式の解のことです。代数方程式というのは、$3x^3+x+7=0$ のように、「x の何乗プラス何掛ける x の何乗プラス……＝0のような（整数を係数とする）方程式」のことです。代数的数全体は、有理数（分数）全体を含みます。たとえば、$\frac{12}{35}$ は、

$$35x-12=0$$

の解になっていますね。同様にして、どんな分数も代数的数になることが分かります。$\sqrt{2}$ のような数はたしかに無理数ですが、$\sqrt{2}$ というのは2乗して2になる数ですから、$x=\sqrt{2}$ は、

$$x^2=2$$

という方程式を満たしています。つまり、$\sqrt{2}$ は代数的数です。代数方程式はいくらでも複雑にできますから、代数的数はひどく複雑な数をも含んでいます。たとえばこんな数も代数的数です。

$$\sqrt[3]{\frac{2792+\sqrt[7]{8487749}}{\sqrt{168187}+\frac{\sqrt[8]{8783}}{389992}}}$$

こうしてできあがる代数的数の全体は、有理数よりはかなり多いはずです。かといって、πのような無理数は入っていないのですから[42]、代数的数の全体は、有理数と実数の間に、ちょうどいい塩梅に「浮いて」いるのではないでしょうか。つまり、$\aleph_0$よりも大きく、$\aleph_1$よりも小さい濃度を持つのではないか。もしそうだとすれば、連続体仮設を否定する根拠になるはずです。

しかし、このアイディアは採用されませんでした。カントール自身が、代数的数の全体が可算集合であることを証明したからです。とんでもなく複雑な数をも含む代数的数全体ですが、番号を振ることができてしまうのです[43]。

次に (2) です。**図157**を見てください。これは、「0から1までの長さ1の数直線を考え、これを3等分し、真ん中の線を取り除く、ただし端は残す」という操作を描いたものです。カントール集合は、この操作を無限に繰り返してできる集合です。

カントール集合の長さが0であることは、次のように考えれば分かります。つまり、長さ1の線分から3等分したうちの1本を取り除けば、第2段階の集合の長さは、$1-\frac{1}{3}=\frac{2}{3}$になります。その次の集合では、残り2本の線をさらに3等分したものの真ん中を除くので、その長さは、$\frac{2}{3}-2\times\frac{1}{9}=\frac{4}{9}$です。以下、同様に計算していく

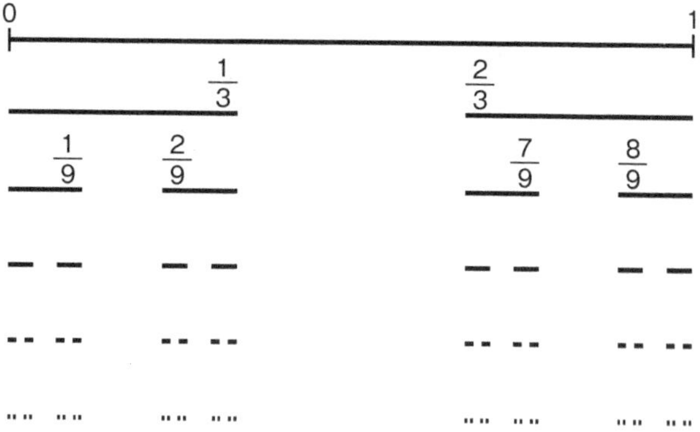

図157　カントール集合

と、最後には長さが0になる、というわけです[44]。

長さが0ということは、スカスカで、実数よりもずいぶん薄い感じがしますね。可算集合ではなさそうですし、実数よりも少ない感じがします。連続体仮設に対する反例になるのではないでしょうか。

しかし、最終的にはこのアイディアも採用されませんでした。なぜなら、カントール集合は、実数と1対1の対応がついてしまうからです。

図158は、0から1までの数を3進（小）数で表現したものです。それぞれの桁に0か1か2が現れたとき、1になっているところを全部取り除いていくと、このようになると考えられます。

カントール集合は、「3進数で表現したとき、各桁に0と2だけしか現れない数全体」です。しかし、0を0、2を1に対応させれば、これは0から1までの数を2進数

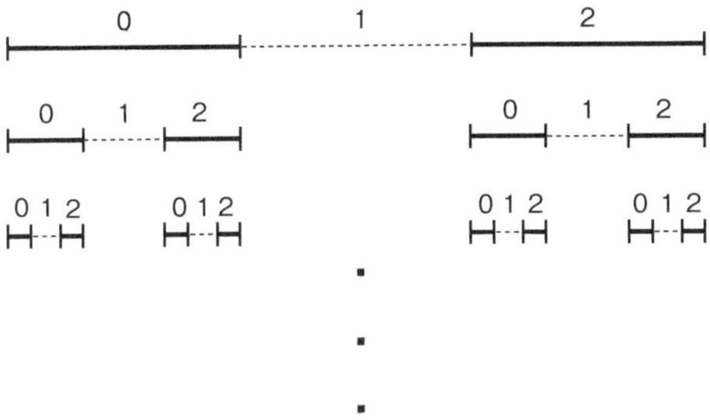

図158　3進数で表現したらどうなるか

で表現したもの、つまり0から1までのすべての数と、きれいに1対1に対応してしまいます。空間充塡曲線のところでは、0から1までの数を4進数で表現していましたが、これを3進数で表現したことになるのです。

このように、可算集合でもなく、実数よりも濃度が小さいものは、なかなか発見できませんでした。代数的数全体は、有理数よりもずいぶんたくさんあるように見えましたが、実際は、有理数と同様に可算集合でした。一方、カントール集合は長さが0で、とても少ないように見えますが、実数と同じ濃度を持っていたのです。

カントールは、こうした状況証拠を踏まえて、「**$\aleph_0$ と $\aleph_1$ の間に入る濃度を持つ集合は、実は存在しないのではないか**」という連続体仮説を世に問うたのです。

連続体仮説が形をなしたのは、1883年のことです。しかし、仮設が正しいことはなかなか証明されず、また、反例も挙げられませんでした。中間的な濃度を持つ集合が、どうしても構成できなかったのです。1884年の初め、仮設の正しさを証明できたと思いきや、数日もたたないうちに仮設の間違いを証明し、後日、間違いの証明も間違っていたことに気づく、という調子でした。カントールは、連続体仮設を証明しようともがき続けました。

じつは当時の数学界では、連続体仮設どころか、カントールの対角線論法ですらなかなか認められていませんでした。彼の仕事を頑として認めようとしなかった数学者に、保守的なドイツ数学界の大物、クロネッカーがいます。

図159 レオポルト・クロネッカー

クロネッカーは、カントールを「科学の詐欺師」「裏切り者」「堕落した青年」と罵倒し、個人的な攻撃までした、と伝えられています。しかし、カントールは諦めませんでした。

「今、あなたがたに見えていないものが、明瞭に現れるときがくるだろう」[45]

という言葉を残しています。

直感を裏切る結末

まるで終わりがないかのように思われた、連続体仮設をめぐる闘い。それは、まったく意外な形で終止符が打たれました。

図160
クルト・ゲーデル

1940年、不完全性定理で有名なゲーデルによって、ZFCからは、

「連続体仮設の否定を証明することは、不可能である」

ということが証明されたのです。ZFCとは、ツェルメロ（Zermelo）-フレンケル（Fraenkel）選択公理（Axiom of Choice）の頭文字をつなげたもので、数学において議論の出発点となる仮定です。

「連続体仮設が間違っていることは、証明できない」とは、どういうことでしょう。間違っていると言えないのなら、正しいと言ってもよいのではないでしょうか。

しかし、その考え方も打ち砕かれます。1963年、ポール・コーエンは、強制法（フォーシング）と呼ばれる方法を用いて、ZFCからこんどは、

「連続体仮設を証明することは、不可能である」

を証明したのです[46]。まったく画期的な業績でした。1966年、コーエンはこの業績により、フィールズ賞を受賞しています。

ゲーデルの結果とコーエンの結果を合わせると、
「連続体仮設とZFCが独立である」
すなわち

「ZFC に連続体仮設を加えても、またはその否定を加えても矛盾しない」
つまり、

連続体仮設は「証明できず、その否定も証明できない」

ことが、証明されてしまったのです。

まったく驚くべき結果です。なぜなら、「一見して証明できそうに見えながら、正しいとも間違っているとも言うことができない命題が存在する」ことを意味するからです。

どんなに証明が難しい命題でも、それが正しいか、さもなくば何らかの反例を挙げることができるはずだ、という数学者たちの素朴な直感は、あえなく覆されてしまいました。連続体仮設の独立性によって、理性の限界が示されてしまったのです[47]。

連続体仮設を扱う集合論は、数学の中でもとりわけ深い学問であるかもしれません。数学的存在と論理そのものを扱っているからです。数学の「深淵」と言ってもよいでしょう。

現に、カントールは精神病院で生涯を終え[48]、ゲーデルは晩年、精神に失調をきたしています。ゲーデルはありもしない毒殺を恐れ、妻が作った食事以外は口にせず、毒ガスで殺されるのを恐れるあまり、冬でも家の窓を開け放っていました。人前にはほとんど出ることなく、哲学と論理学の研究に耽っていましたが、あるとき、妻が入院したため食事がとれず飢餓状態となり、この世を去りました。亡くなったときの体重は、わずか65ポンド（約29.5 kg）しかなかったそうです。

数学者は難攻不落の大定理の証明に日夜挑戦し続けていますが、そうした中に原理的に証明できないものが含まれていることは、もはや否定できなくなってしまいました。

それでもなお、数学者が歩みを止めることはないでしょう。連続体仮説が示した、「否定も肯定も不可能な命題がある」という事実。これは、世紀の大難問に正面から立ち向かった、勇気と努力の結晶なのです。

今日の真理が、明日否定されるかも知れない。

それだからこそ、私どもは、明日進むべき道を探しだす。

——湯川秀樹

あとがき

専門家とはその分野で起こりうる間違いをすべて犯してしまった人のことである。

誰の言葉なのか定かではありませんが、専門家の定義としてこれ以上のものはないと私は思います。数学の教科書にはすでに正しい道が分かったことだけが載っています。あたかも初めから正しい道が見えていたかのように。しかし、実際には、初めから正しい道が分かるなんてことは滅多にありません。それが解く価値のある問題であればなおのことです。膨大な試行錯誤を経てようやく真理に辿り着く、それが数学です。数学における直感は、たちどころに得られるようなものではなく、こうした泥臭い作業の積み重ねを経てはじめて得られるのです。「考える」とは「試行錯誤すること」に他ならない。そして、それは生きることそのものでもあると思うのです。

本書の数学的なチェックは、京都工芸繊維大学の峯拓矢さんにお願いしました。記して感謝いたします。なお残る誤りはすべて筆者の責任です。

2014年11月

神永正博

各節冒頭の日記に関する追記

本書に登場する日記の日付。一見、何の意味もないように思えるかもしれませんが、じつは秘密があります。ヴァリアン、ポアソン、レヴィ、ビュフォン、ルーロー、ルパート公、掛谷宗一、ベシコビッチ、ペロン、ド・モルガン、フレデリック・ガスリー、ハミルトン、ヒーウッド、アッペル、ハーケン、カントール、ペアノ、ヒルベルト、パロンド、クロネッカー、ゲーデル、コーエン各氏の誕生日なのですが、ちょっと面白いことが起きています。これらの日付に隠された秘密とはいったい何でしょうか。

話のタネに、ぜひ考えてみてください。

巻末注

1 E.H.Simpson, "The Interpretation of Interaction in Contingency Tables", Journal of the Royal Statistical Society, Series B 13: 238–241, 1951.

2 American Journal of Epidemiology

3 A群の平均出生体重は3,500グラムであり、標準偏差は500グラム(満期産の典型的な特徴)。B群はA群よりも軽く、平均体重は3,000グラムで標準偏差は500グラム。全体での乳児死亡率はB群の方が高い(A群の1.7倍)。しかしながら、どの出生児体重の階級でもB群の方が低い死亡率となっている(A群の0.7倍)。

4 この表は、同p.48のTable 2.6 Death Penalty Verdict by Defendant’s Race and Victims’ Raceを分割したものですが、元は、M.L.Radelet and G. L. Pierce, "Choosing those who will die : Race and the Death Penalty in Florida", Florida Law Rev. 43, pp.1-34, 1991のものです。

5 第21回完全生命表によります。

6 厚生労働省「第20回生命表(完全生命表)」資料

7 じつは迷惑メールの特徴をつかむには、いろいろと面倒なことをしなければなりません。まず、メールの文章を意味のある単語に分解するため、形態素解析などにかける必要があります。その上で迷惑メールでの出現頻度の高い単語を登録していくことになりますが、一般に、「無料」のような単語と「交際」「登録」などの単語は、同時に出現することが多いので、単に単語が含まれているかどうかだけを見るのはちょっと雑で、精度を上げるには、もう少し複雑なことをしないといけませんが、ここでは、迷惑メールフィルタの詳細を述べると本題から外れてしまうため、省略しています。

8 0を先頭の数字の仲間に入れてしまうと、どの数の先頭の数字も0になってしまうので、ここでは0は考えていません。

9 カイ二乗適合度検定と呼ばれる方法を使っています。

10　正確には、「ベンフォードの法則に従う」という仮説(帰無仮説)が棄却できなかったという意味です。

11　B.Luque and L.Lacasa, "The first-digit frequencies of prime numbers and Riemann zeta zeros", Proc. R. Soc. A published online 22 April 2009.

12　素数の先頭の数のヒストグラム。それぞれ、1からNまでの素数に対する分布である。サンプルサイズは、以下の通りである。(a)は、$N=10^8$に対する5761455個の素数($a=0.0583$)、(b)は$N=10^9$に対する50847534個の素数($a=0.0513$)、(c)は$N=10^{10}$に対する455052511個の素数($a=0.0458$)、(d)は$N=10^{11}$に対する4118054813個の素数($a=0.0414$)に対応する。白の棒グラフは、括弧内のaに対する一般化されたベンフォードの法則の理論値である。

13　Mark J. Nigrini, I' ve Got Your Number, Journal of Accountancy, May 1999, pp.79-83. この論文では、上位2桁の数字に対するベンフォードの法則を使っています。

14　誕生日が一致する確率の計算の詳細は以下のようになります。まず、k人すべての誕生日が一致しない(異なる)確率を計算します。これは、本文にもある計算をk人まで続ければいいので、

$$
\begin{aligned}
&\frac{364}{365}\cdot\frac{363}{365}\cdot\frac{362}{365}\cdots\frac{365-k+1}{365}\\
&=\left(1-\frac{1}{365}\right)\left(1-\frac{2}{365}\right)\left(1-\frac{3}{365}\right)\cdots\left(1-\frac{k-1}{365}\right)\\
&=e^{-\frac{1}{365}}\cdot e^{-\frac{2}{365}}\cdot e^{-\frac{3}{365}}\cdots e^{-\frac{k-1}{365}}\\
&=e^{-\frac{1}{365}(1+2+3+\cdots(k-1))}=e^{-\frac{1}{365\cdot 2}k(k-1)}\\
&\approx e^{-\frac{1}{365\cdot 2}k^2}
\end{aligned}
$$

となります。(ここで、xが小さいときに成り立つ近似式

$$1-x\approx e^{-x}$$

を使いました)。この確率を1から引けば、誕生日が一致するペアが1組以上ある確率となります。つまり、

$$1-e^{-\frac{1}{365\cdot 2}k^2}$$

$$1-e^{-\frac{1}{365\cdot 2}k^2}\geq 1/2$$

$$k\geq\sqrt{2\log 2}\sqrt{365}\approx 1.18\sqrt{365}\approx 22.5$$

15 $\sqrt{n}$個(人)のときは、約40%です。これも覚えておくと便利かもしれません。

16 じつは他人に渡せないということが別の大きな問題を引き起こします。本人が危険にさらされるという問題です。実際、マレーシアのクアラルンプールで、指紋認証が鍵になっている車(メルセデス・ベンツ)が盗まれ、車の持ち主の指が切り取られて持ち去られるという事件も起きています。情報セキュリティの講義では、情報を守るときには、最も弱い繋ぎ目(the weakest link)に注目するように教わります。生体認証は、認証される人自身が、最も弱い繋ぎ目になっているので、このような事件が起きたのは必然と言えるでしょう。Malaysia car thieves steal finger By Jonathan Kent, BBC News, Kuala Lumpur, Last Updated: Thursday, 31 March, 2005, 10:37 GMT 11:37 UK(http://news.bbc.co.uk/2/hi/asia-pacific/4396831.stm)

17 本人を間違って他人とみなしてしまう本人拒否率はおよそ100分の1くらいが相場です。

18 pを100万分の1として、$1-(1-p)^{\frac{n(n-1)}{2}}\approx 1-e^{-pn^2/2}$を用いてこの確率の値が0.5を超える$n$の値を計算すると、$n\approx\sqrt{2\log 2/p}\approx 1000\sqrt{2\log 2}\approx 1177.41$となり、約1180人という結果が得られます。オリジナルのバースデーパラドックスでも同じ近似式になります。

19 一般に、pが小さいとき、$(1-p)$を$\frac{1}{p}$乗すると、ほぼ$\frac{1}{e}=0.36\cdots\cdots$になることが知られています。$p$が1万分の1のときは、$\frac{1}{p}=1$万乗すると、ほぼ$\frac{1}{e}$になります。よって、

$$1-\left\{\left(1-\frac{1}{10000}\right)^{10000}\right\}^{\frac{1}{10000}\times\frac{1}{2}\times 10000\times(10000-1)}\approx 1-e^{-\frac{9999}{2}}\approx 1$$

20 Felch, Jason, “FBI resists scrutiny of 'matches',DNA: GENES AS EVIDENCE”, Los Angeles Times: p.8, July 20, 2008

21 東京大学教養学部統計学教室編『統計学入門(基礎統計学)』(東京大学出版会)

22 ちょうど真ん中に当たったらどうなるのか、と思われる方がいらっしゃるかもしれません。もし本当の真ん中に当たったとしたら、角度を測ることはできなくなりますが、厳密に真ん中ということはほぼないと考えられます。

23 ヒストグラムとは、縦軸に度数、横軸に階級をとった棒グラフのことです。階級というのは、値の範囲を区切ったもので、たとえば、1日に届く電子メールの数を5通刻みの階級にして、0～4通、5～9通、10～14通のように区切り、それぞれの階級に入る日が何日あったかを棒グラフにすれば、ヒストグラムができます。

24 チェビシェフの不等式を用いた証明が広く知られていますが、その場合、分散の存在を仮定する必要があります。しかし、大数の法則は分散が存在しなくても特性関数(フーリエ変換)とテイラー展開を利用して証明できます。必要な条件は有限な平均値が存在することだけです。

25 実際には抵抗の両端の電圧ゆらぎは微弱なのでアンプを使って増幅してから基準値と比較します。

26 これは少々不正確な表現で、暗号学的な観点では擬似乱数を作る規則が完全に分かったとしても、次にどんな数字が出力されるか分からないものもあります。たとえば、非常に大きな相異なる素数p, qを秘密に保持し、秘密のシードs(擬似乱数をつくるための種にあたる数)から、sの2乗を繰り返した数を$p\times q$で割った数の最後のビット(2進数で表現したときの下1桁)を出力する擬似乱数生成器は、BBS(Blum-Blum-Shub)擬似乱数生成器と呼ばれるもので、p, qを知ることなしに出力を予測することはできないことが知られています。素因数分解は(少なくとも2014年現在では)極めて計算時間のかかる問題です。p, qが十分大きければ、現実的な時間で素因数分解することは極めて困難です。この意味でBBS擬似乱数生成器は暗号学的に安全なものです。ただし、この場合でもシードsを何らかの方法で作り出さねばなりません。そのために真性乱数発生装置が必要になるのです。

27 厳密に言うと、シミュレーションを行う際に角度は使っておらず、ラジアンを使っていて、そこにπが出てくるので、シミュレーションによってビュフォンの針の問題を扱うのはトートロジー（循環論法）になっていますが、ここでは感覚を優先しています。

28　掛谷問題については、新井仁之「ルベーグ積分と面積0の不思議な図形たち」数学通信第7巻第3号, 2002年11月, 日本数学会を参考にさせていただきました。

29　デルトイドは小さいほうの円（転円）の半径をaとして式で表現すると$x=2a\cos\theta+a\cos2\theta$, $y=2a\sin\theta-a\sin2\theta$ $(0\leq\theta\leq2\pi)$と書くことができます。このデルトイドで囲まれる部分の面積は積分を使って$2\pi a^2$となることが分かります。ここで、このデルトイドの一番狭いところは、ちょうど$4a$となり、これが1ですから、$a=\dfrac{1}{4}$、これを$2\pi a^2$に代入して$\dfrac{\pi}{8}$となります。

30　三角形を重ねるときに、αだけ重ねて底辺の長さが$(1-\alpha)$倍されるようにすることにすれば、やや面倒な計算を経て、kステップ目の図形の面積$|S_k|$が、元の三角形の面積を$|T|$としたとき、

$$|S_k|\leq(\alpha^{2k}+2(1-\alpha))|T|$$

となることが分かります。αを1に近く取り、ステップ数kを大きく取れば、右辺はいくらでも小さい値に調整することができます。

31　逆に、表面積は有限なのに体積が無限になる例として、シッソイド（疾走線）という曲線を回転させたものが挙げられていることがあります（たとえば、ジュリアン・ハヴィル『反直観の数学パズル』（白揚社）107ページから108ページに書かれています）が、数学的にはそのようなことは起こりませんのでご注意を。

32　より正確には、「地図上では国境を共有する国は違う色で塗るものとすると、何色必要か？ 1点だけで接している2つの国やまったく接していない2つの国は同じ色で塗ってもよい」とするべきでしょう。ここでは、複雑な言い回しを避けるため、あえて簡便な表現を使っています。

33　ここで、$[x]$という記号はガウス記号と呼ばれるもので、xを超えない最大の整数を表します。

34　地図の塗り分け問題では、塗り分けが難しい地図の考察が重要です。中でも、すべての国境線がつながっていて国境線が必ず3本で交わる

三枝地図が重要なのですが、「どんな地図にも、5個以下の隣国しか持たない国が少なくとも1つある」ことから、あらゆる三枝地図には、図に示すような形の国が少なくとも1つはなければならないことになります。

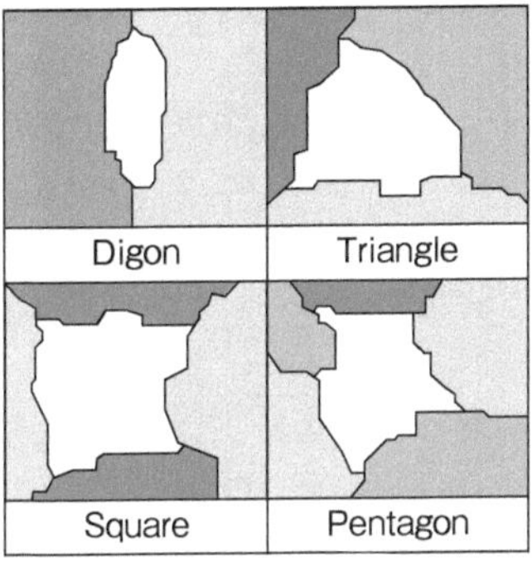

三枝地図には上記の4パターンのどれかが現れる

このように、地図を描く上で避けることのできない形の集合を「不可避集合」と言います。

証明の基本的な戦略は、不可避集合と呼ばれる集合を調べることです。地図に関して、「どんな地図にも、5個以下の隣国しか持たない国が少なくとも1つある」という定理が証明できます。

ハインリヒ・ヘーシュは、不可避集合を見つけるために、「放電法」と呼ばれる方法を考案しました。ある集合が不可避集合でないと仮定し、k本の境界線を持つ国に$6-k$という整数を割り当て、これを電荷とみなし、地図の総電荷を変えないように地図中で電荷を移動させる「放電」と呼ばれる操作を繰り返し、最終的に矛盾が起きれば、その集合が不可避集合でないと仮定したことが誤りだ、ということが分かるというわけです。

35 フランスでは、0以上の整数が自然数です。微妙に習慣が違っていますね。数学の論文では、間違いがないよう、正確な定義を書いてから定理を述べるのが普通です。

36　マイナスの数もありますが、ここではプラスだけを考えましょう。マイナスまで考えても、本質的には同じだからです。

37　番号の振り方は他にもあります。これは一例です。

38　対角線論法はどこか腑に落ちないと感じる人もいるかもしれません。私もその一人で、なんとなく騙されたような気分になります。日本人としてはじめてフィールズ賞を受賞した天才的な数学者、小平邦彦氏も、『数学の学び方』(岩波書店、1987)で、そのような感じがすると告白しており、ハイネ=ボレルの被覆定理を用いた別証明を与えています。たしかに、こちらのほうが騙された感が少ないですね。興味のある人は同書をご覧ください。腑に落ちないのは、数学的感性が豊かだから……かもしれません。

39　本節の内容は、科学史・数学史を主な専門とする歴史家ドーベン(Joseph W. Dauben)氏による、「ゲオルク・カントールと超限集合論のための闘い」("Georg Cantor and the Battle for Transfinite Set Theory", Proceedings of the 9th ACMS Conference (Westmont College, Santa Barbara, CA), pp. 1–22. Internet version published in Journal of the ACMS 2004)という論文に基づきます。

40　カントール集合という名前ですが、この集合を最初に発見したのはカントールではないようです。カントールの論文でこの集合が扱われたのは1883年ですが、1874年には、Henry J.S. Smith, "On the integration of discontinuous functions." *Proceedings of the London Mathematical Society*, Series 1, vol. 6, pages 140-153. という論文にカントール集合が現れています。さらに、Paul du Bois-Reymond、Vito Volterraもカントールよりも前にこの集合を発見していたとのことです。

41　これは数学特有の病的な集合ではなく、物理学にも登場するリアルなものです。たとえば、2011年のノーベル化学賞を受賞したシェヒトマンが発見した「準結晶」という物質の数学モデル(正確には1次元準結晶のフォノンスペクトルを表現する甲元モデル)のエネルギー準位の集合は、カントール集合のようなものであることが証明されています。

42　π が代数的数ではない(超越数である)ことの証明は、1882年にドイツの数学者リンデマン(Carl Louis Ferdinand von Lindemann)によってなされました。1885年に同じくドイツの数学者ワイエルシュトラス(Karl Theodor Wilhelm Weierstraβ)が証明を簡略化しています。結果は非常に有名ですが、数学者でも証明を知らないことが多い定理の一つです。

43 代数方程式は、一般に、

$$a_n x^n + a_{n-1} x^{n-1} + \cdots + a_0 = 0$$

という形をしています。ここでは、代数的数xが、この代数方程式を満たすとしましょう。

このうち、次数が一番小さいものを選んでおき、その上で、代数方程式の次数nと係数の絶対値全部を合計したものを考えます。

$$n + |a_0| + |a_1| + \cdots + |a_n|$$

これをその代数的数の「高さ」といいます。たとえば、$\sqrt{2}$は、$x^2-2=0$の解ですので、高さ5の代数的数です。高さを固定して考えてみましょう。高さが0、1となる代数方程式はありません。高さが2の代数方程式は$x=0$だけしかありません。つまり、高さが2になる代数的数は0だけです。高さが3の方程式は、

$$x^2 = 0,\ 2x = 0,\ x + 1 = 0,\ x - 1 = 0$$

の4つだけですから、先ほどの高さ2の代数的数になっている0が重複しているので除くと、高さ3の代数的数は1，－1の2つになります。このように高さを固定すると、対応する代数方程式は有限個しかありません。当然、その解も有限個です。ですから、高さが小さい方から代数的数を並べていくと、代数的数すべてに番号がついてしまいます。つまり、代数的数は可算集合である、ということになります。

44

$$1-\frac{1}{3}-\frac{2}{9}-\frac{4}{27}-\cdots=1-\frac{1}{2}\left(\frac{2}{3}+\frac{4}{9}+\frac{8}{27}+\cdots\right)$$

$$=1-\frac{1}{2}\times\frac{\frac{2}{3}}{\left(1-\frac{2}{3}\right)}=1-1=0$$

45 The time will come when these things which are now hidden from you will be brought into the light.

46　もっとも、これで連続体仮設の真偽に関する問題が完全解決したとするのは乱暴な気もします。コーエンが証明したのは、「ZFC集合論が無矛盾であれば、ZFC集合論に連続体仮設を加えても、逆に、ZFC集合論に連続体仮設の否定を加えても無矛盾である」ということです。あくまで「ZFC集合論が無矛盾であれば」の話なのです。

47　「原理的に証明できない」命題の存在をより一般的に定式化して証明したものに「不完全性定理」があります。ゲーデルが1930年に証明したもので、数学を含む広範囲の学問分野に大きな影響を与えました。ブルーバックスにも、竹内薫『不完全性定理とはなにか』があります。

不完全性定理は比喩的に語られることが多いのですが、数理論理学の話というのは論理そのものを問題にしているため適切な比喩が極度に難しいと感じます。たとえば、物理学の理論は非常に込み入ったものですが、対象が実体を持っているため比喩が不完全でもおおむね正しいイメージがつかめます。実際、電気、磁気のように目に見えないものでも、家電品の働きや、簡単な実験を通して間接的にイメージできるわけです。それに対し、論理それ自身は実体を持たず、そこにあるのは「関係」だけなので比喩があまり有効ではないのです。あえて言えば、プログラミングした経験があれば、ゲーデル数などをイメージするのに役立つように思いますが、核心部分はやはりうまくイメージできません。私は、この種の議論は、公理系を固定してかなりがっちり議論しないとすぐに分からなくなってしまいます。

個人的には、不完全性定理よりも、具体的な命題が証明できないことを示した連続体仮設の独立性の証明のほうが、数倍インパクトが大きい気がします。実際、不完全性定理の証明から30年以上かかっており、決定的な部分の証明には、天才ゲーデルだけでなく、もう一人の天才コーエンが必要でした。

48　精神病院で一生を終えた、というのはちょっと大げさかもしれません。より正確には、カントールの晩年1913-1918年(カントールは1918年1月6日に亡くなっています)の間、彼がハレ精神病院の患者だったということです。彼を担当した医師Karl Pollittは、「周期的な躁うつ病」だったと証言しています。

索引

た 行

な 行

は 行

N.D.C.410　251p　18cm

ブルーバックス　B-1888

直感《ちょっかん》を裏切《うらぎ》る数学《すうがく》

「思い込み」にだまされない数学的思考法

2014年11月20日　第1刷発行
2023年12月5日　第9刷発行

著者　神永正博《かみながまさひろ》
発行者　髙橋明男
発行所　株式会社講談社
〒112-8001 東京都文京区音羽2-12-21
電話　出版　03-5395-3524
販売　03-5395-4415
業務　03-5395-3615
印刷所　(本文表紙印刷) 株式会社ＫＰＳプロダクツ
(カバー印刷) 信毎書籍印刷株式会社
本文データ制作　株式会社フレア
製本所　株式会社ＫＰＳプロダクツ

定価はカバーに表示してあります。

ISBN978-4-06-257888-2

発刊のことば

科学をあなたのポケットに

二十世紀最大の特色は、それが科学時代であるということです。科学は日に日に進歩を続け、止まるところを知りません。ひと昔前の夢物語もどんどん現実化しており、今やわれわれの生活のすべてが、科学によってゆり動かされているといっても過言ではないでしょう。

そのような背景を考えれば、学者や学生はもちろん、産業人も、セールスマンも、ジャーナリストも、家庭の主婦も、みんなが科学を知らなければ、時代の流れに逆らうことになるでしょう。

ブルーバックス発刊の意義と必然性はそこにあります。このシリーズは、読む人に科学的に物を考える習慣と、科学的に物を見る目を養っていただくことを最大の目標にしています。そのためには、単に原理や法則の解説に終始するのではなくて、政治や経済など、社会科学や人文科学にも関連させて、広い視野から問題を追究していきます。科学はむずかしいという先入観を改める表現と構成、それも類書にないブルーバックスの特色であると信じます。

一九六三年九月　　　野間省一

ブルーバックス　パズル・クイズ関係書

921 自分がわかる心理テスト　芦原 睦 桂 戴作＝監修
1063 自分がわかる心理テストPART2　芦原 睦＝監修
1353 算数パズル「出しっこ問題」傑作選　仲田紀夫
1366 数学版　これを英語で言えますか?　保江邦夫 エドワード・ネルソン＝監修
1368 論理パズル「出しっこ問題」傑作選　小野田博一
1419 パズルでひらめく　補助線の幾何学　中村義作
1423 史上最強の論理パズル　小野田博一
1453 大人のための算数練習帳　図形問題編　佐藤恒雄
1474 クイズ　植物入門　田中 修
1720 傑作！　物理パズル50　ポール・G・ヒューイット＝作 松森靖夫＝編訳
1833 超絶難問論理パズル　小野田博一
2039 世界の名作　数理パズル100　中村義作
2104 トポロジー入門　都築卓司
2120 子どもにウケる科学手品　ベスト版　後藤道夫
2174 論理パズル100　小野田博一

ブルーバックス　地球科学関係書（I）

1414 謎解き・海洋と大気の物理　保坂直紀
1510 新しい高校地学の教科書　杵島正洋／松本直記／左巻健男＝編著
1592 発展コラム式　中学理科の教科書　第2分野（生物・地球・宇宙）　石渡正志／滝川洋二＝編
1639 見えない巨大水脈　地下水の科学　日本地下水学会／井田徹治
1670 森が消えれば海も死ぬ　第2版　松永勝彦
1721 図解　気象学入門　古川武彦／大木勇人
1756 山はどうしてできるのか　藤岡換太郎
1804 海はどうしてできたのか　藤岡換太郎
1824 日本の深海　瀧澤美奈子
1834 図解　プレートテクトニクス入門　木村　学／大木勇人
1844 死なないやつら　長沼　毅
1861 発展コラム式　中学理科の教科書　改訂版　生物・地球・宇宙編　石渡正志／滝川洋二＝編
1865 地球進化　46億年の物語　ロバート・ヘイゼン／円城寺　守＝監訳／渡会圭子＝訳
1883 地球はどうしてできたのか　吉田晶樹
1885 川はどうしてできるのか　藤岡換太郎
1905 あっと驚く科学の数字　数から科学を読む研究会
1924 謎解き・津波と波浪の物理　保坂直紀

1925 地球を突き動かす超巨大火山　佐野貴司
1936 Q&A火山噴火127の疑問　日本火山学会＝編
1957 日本海　その深層で起こっていること　蒲生俊敬
1974 海の教科書　柏野祐二
1995 活断層地震はどこまで予測できるか　遠田晋次
2000 日本列島１００万年史　山崎晴雄／久保純子
2002 地学ノススメ　鎌田浩毅
2004 人類と気候の10万年史　中川　毅
2008 地球はなぜ「水の惑星」なのか　唐戸俊一郎
2015 三つの石で地球がわかる　藤岡換太郎
2021 海に沈んだ大陸の謎　佐野貴司
2067 フォッサマグナ　藤岡換太郎
2068 太平洋　その深層で起こっていること　蒲生俊敬
2074 地球46億年　気候大変動　横山祐典
2075 日本列島の下では何が起きているのか　中島淳一
2094 富士山噴火と南海トラフ　鎌田浩毅
2095 深海――極限の世界　藤倉克則・木村純一＝編著／海洋研究開発機構＝協力
2097 地球をめぐる不都合な物質　日本環境学会＝編著
2116 見えない絶景　深海底巨大地形　藤岡換太郎
2128 地球は特別な惑星か？　成田憲保
2132 地磁気逆転と「チバニアン」　菅沼悠介